丁万明　著　刘海涛　绘

新 华 出 版 社

目录

第1讲

不食周粟

早在两千多年前，西汉名臣郦食其就提出了“民以食为天”的理念。可您知道饮食都有哪些禁忌吗？

煌煌五千年中华文明史，饮食自身不仅拥有活色生香的历史，而且在历史发展进程中扮演了极其重要的戏份。在我们的价值观中，吃什么固然很重要，但有时，不吃什么更重要！因为它彰显了我们的价值取向。伯夷、叔齐不食周粟就给我们用生命铸就了这样的价值取向。

商朝末年，在今天河北秦皇岛唐山一带有一小国，名为孤竹国。孤竹君去世前，想让三儿子叔齐继位。叔齐认为“立长不立幼”是政治传统，坚持让大哥伯夷继承君位。老大伯夷不愿违背父亲遗命，悄然出走。叔齐坚决不肯继承君位，也出走了。后人根据这个故事提炼出成语“夷齐让国”。

伯夷、叔齐在出走途中相遇，听说西伯昌仁德，便去投奔。可到了那里，西伯昌已死，其子武王追尊西伯昌为文王，载着灵牌出兵伐纣。伯夷、叔齐勒住武王的马缰进谏说：“父死不葬，动刀兵，孝顺吗？以臣弑君，仁义吗？”武王的随从要杀掉他们。姜太公说：“这是有节义的人啊。”于是扶着他们离开。这就是成语“叩马而谏”的出处。

很快，武王打败了商纣，周朝鼎立而兴。伯夷、叔齐认为周以下犯上不义，为了恪守道义，决定不吃周朝一粒粮食。伯夷、叔齐隐居在首阳山上，采薇而食，也就是靠采摘野生蕨菜充饥。有人说，整个天下现在都是周朝的，薇菜也是。伯夷、叔齐连薇菜也不吃了。

快要饿死时，他们作了一首歌，歌词是："登彼西山兮，采其薇矣。以暴易暴兮，不知其非矣。神农、虞、夏忽焉没兮，我安适归矣？于嗟徂兮，命之衰矣！"意思是，登上西山啊，采摘那里的薇菜。以暴臣换暴君啊，竟认识不到那是错误。神农、虞、夏的太平盛世转眼消失了，哪里才是我们的归宿？唉呀，只有死啊，命运是这样的不济！

伯夷、叔齐最终饿死在首阳山。

于是，历史上又多了个成语——不食周粟。这个成语典故后来成为清白守节的代名词。宋末政治家文天祥曾写诗："山河千古在，城郭一时非。

饿死真吾志，梦中行采薇。”他举兵抗元，被俘后宁死不屈，可谓宋代版的“不食周粟”。

不食周粟的气节风骨，在《史记》70列传中名列《列传》第一而留名青史。伯夷、叔齐告诉我们，不符合价值取向的饭决不能吃。孔子评价他们“求仁得仁”。孟子说：“人有不为也，而后可以有为。”吃什么，不吃什么，从来都不只是舌尖上的事，还承载着伦理教化的重负，渗透着人们对于饮食的价值判断。

也有人认为，伯夷、叔齐的义是对商朝的忠心，而商纣不得民心，是为迂义；二人不遵父命，是为不孝；抛弃家国隐居，是为不忠。1949年，毛泽东在《别了，司徒雷登》一文中说：“唐朝的韩愈写过《伯夷颂》，颂的是一个对自己国家的人民不负责任、开小差逃跑，又反对武王领导的当时的人民解放战争，颇有些‘民主个人主义’思想的伯夷，那是颂错了。”毛泽东以对待人民态度的新史观衡量伯夷、叔齐的行为，得出了新结论。

纵观舌尖上的中国史，不食周粟，昭示我们不吃不清白之食。一日三餐，一饮一啄，我们用以果腹的不仅有生命的养分，也有历史的沉淀、文化的传承。

第2讲

嗟来之食

生命诚可贵，美食价亦高。若为大义故，两者皆可抛。伯夷、叔齐为义饿死，这样的事，历史上绝非孤例。比如，王莽篡汉后，名儒龚胜便宁愿饿死，也不事王莽。

民固然以食为天，但饮食的禁忌同样可与天齐。中国人看重吃，更看重“吃”背后的意义。千百年来，中国文化里形成了一系列关于饮食的文化禁忌和价值取向。

首先，嗟来之食不能吃。

《礼记》中还记载了这样一个典型故事。

有一年，齐国发生饥荒，黔敖在路边赈济饥民时看到一名男子用衣袖蒙着脸，脚步绵软，两眼昏昏地走来，便左手端着饭，右手端着汤，说：“嗟！来食！”那名男子抬起头瞪眼看着他说：“我正因为不吃别人施舍的食物，才落得这个地步！”黔敖上前道歉，但男子仍然不吃，最终饿死。这就是“不吃嗟来之食”的出处。

有节操的人即便饿肚子，也要有尊严。不仅如此，对有教养的人来说，还要恪守饮食的规矩。这就是我们通常讲的吃相也要讲究。

其次，吃饭有吃饭的规矩。

孔子曰：“食不言，寝不语。”就是说嘴里嚼着食物不说话，吃饭还不能吧唧嘴。孔子还主张“食不厌精，脍不厌细”。他还说粮食霉烂发臭、鱼和肉腐烂不吃，食物颜色难看不吃。气味难闻不吃，烹调不当不吃，不到该吃食的时候不吃。不是按一定方法砍割的肉不吃，没有一定调味的酱醋不吃，等等，诸多规矩和禁忌。

孔子还提出：“君子食无求饱，居无求安，敏于事而慎于言。”可见他并不追求饱食终日、无所事事的生活。恰恰相反，他追求的是饮食简朴而平凡，他说：“饭疏食，饮水，曲肱而枕之，乐亦在其中矣。不义而富且贵，于我如浮云。”他对于那些有志于学习和实行圣人的道理，但又以吃穿不好为耻辱的人，采取了不理睬、不交谈的态度，即所谓“士志于道，而耻恶衣恶食者，未足与议也”。

在日常的饮食礼仪中，一家人围坐一桌，要等长辈先动筷，这体现了孝道。吃饭时，忌讳一只手放在桌子下面，要光明正大。帮人添饭时，不能问“您要饭吗？”语言透着情商。摆筷子，不能一长一短；筷子不能指着人，不能插在饭上，不能敲碗盘；夹靠近自己的菜，不能满盘子乱搅和。给人倒水壶嘴不能冲着人。这些都事关餐饮礼仪。

再次，饮食也要讲信誉。

说话要算数，这是做人的基本品德。“曾子烹彘”和“及瓜不代”的故事都告诉我们，吃东西也要讲信誉。

《韩非子》记载说，曾子的妻子准备到集市上去，她的儿子哭闹着也要去。曾子的妻子对儿子说：“你先回去，等我回来后杀猪给你吃。”妻子从集市上回来，曾子就想抓只猪准备杀了它。他的妻子马上阻止他说：“我只不过是糊弄小孩子罢了。”曾子说：“不可以与小孩子开这样的玩笑。孩子什么都不懂，他就学习父母的言行，听从父母的教诲。现在你糊弄他，这就是在教育他糊弄人。母亲欺骗儿子，儿子就不会再相信他的母亲了，这不是正确教育孩子的方法啊。”于是曾子就把猪杀掉烹给孩子吃了。

“曾子烹彘”告诫我们，教育孩子无论什么情况下都一定要讲信誉。很多家长觉得吃东西是小问题，在这方面随意糊弄孩子，殊不知系好人生第一粒纽扣，兹事体大！家庭教育方面不能随意在吃东西上开玩笑，国家治理方面更是如此。《左传·庄公八年》记载：春秋时齐襄公指派妹夫连称为将军，管至父为副将，带军队到葵丘，也就是今天山东省临淄县附近布防。出发前，连称二人找齐襄公请示：“将士们风餐露宿守边疆，不怕苦，就怕没盼头。您给个准话，什么时候换我们回家。”此时的齐襄公正在吃瓜，就随口用“明年瓜熟了，就换你们回家”糊弄即将为他出征守国土的将士。到来年瓜熟了，连称、管至却始终等不到让他们换防的军令，二人去找齐襄公要说法。没想到齐襄公言而无信，让戍边的将士彻底寒了心。齐襄公“及瓜不代”，言而无信，最后激起兵变，丢了性命。

在我们的文化观念里，饮食不仅是满足生理需求的天之大事，而且事关儒家推崇的价值取向。《礼记》中说：“夫礼之初，始诸饮食。”儒家认为，培养文化教养，基本的饮食礼仪是礼乐文明的开端。

第3讲

二桃杀三士

俗话说："人为财死，鸟为食亡。"可有的人竟然为了一口吃的争得你死我活，最终殒命。实在促人警醒。

春秋战国时期，齐国的公孙捷、田开疆、古冶子三位臣子骄狂跋扈。公孙捷、田开疆、古冶子都是猛人。田开疆，为景公开过疆土。古冶子，从鼋嘴边救过景公的命。公孙捷，从虎口边救过

景公的命。这三位都救过老板的命，为老板打过江山，成为齐国“五乘之宾”，红得发紫。

关键是这三位还结拜为异姓兄弟，自号“齐邦三杰”，拉帮结派，搞团团伙伙，甚至连国君都不放在眼里。齐国朝堂中佞臣梁丘据，也频繁拉拢这三位，结党营私。田开疆的本家陈氏一族陈无宇，在民间散金银，买人心。这伙人凑到一块儿，把齐国的政治生态搞得乌烟瘴气。

齐景公虽然不咋贤明，但有个好相国。作为三朝元老，晏婴一直想除掉“齐邦三杰”，只是一直担心景公维护，没法下手。很快，机会来了。鲁昭公带着相国到齐国访问。景公很重视，亲自安排吃饭款待。晏婴是主陪，“齐邦三杰”居然带着兵器来吃饭，一副目中无人的表情。宴会上齐景公、鲁昭公二人喝得晕乎乎时，这时晏婴说话了：“园中金桃长熟了，可摘几个给两位贵客下酒。”

景公二话没说同意了，让仆从去摘。此时，晏婴却坚持亲自去监督他们摘。这就有意思了，堂堂相国非要自己摘桃子。此时昂昂自若的田开疆三人，还没察觉到，针对哥仨的“阳谋”开始了。

一会儿，晏婴令人端着六个大如碗、红如火的桃子回来了。齐景公纳闷儿了，“只有这几个桃熟了吗，不够分啊”。

晏婴回了句，“还有几个没熟，只有这六个”。本就数着人头摘的，就算有，晏婴也不会摘。

接下来好戏开场了，晏婴献桃，两国君主自然一人一个。鲁国相国叔孙婼一个，同为相国，叔孙婼自然谦让给晏婴先吃。

六个桃就剩俩了，晏婴对景公说：“还剩两个桃，主公您可以让朝臣自己述职，谁的功劳大，谁吃一个。”景公一看这挺好玩，就下令群臣自己表功，晏婴评功赐桃。

这么一来，吃不吃桃子已经关乎面子，谁吃不着就丢人丢大了。急性子公孙捷率先站出来了，还是打虎救主那套词。晏婴说："擎天保驾，有资格吃。"

古冶子也赶紧站出来说："打虎没什么了不起，我曾在黄河杀了大鼋救国君，这个功劳怎么算？"景公接话了："要没有将军，我不被大鼋吃了，也得被水淹死。喝酒吃桃，不叫事。"

田开疆明知没桃了，也得站出来表述自己的开疆功劳。晏婴很为难的样子说："开疆之功，比他们二人大十倍。可你说晚了，没桃可赐了。喝杯酒，等明年桃熟了再吃吧。"

眼见杀鼋打虎的能吃桃，自己血战开疆却没资格吃，在两国君臣面前受辱，田开疆怒了，当即拔剑自刎。事已至此，率先争桃子的公孙捷羞愧难当，"我们这么点功劳能吃桃，田哥天大的功劳却没资格吃，我也没脸活了"，也拔剑自杀了。

眼见两位结义兄弟死了，古冶子说："结拜时说好了同生共死，我不能一个人苟活下去。"也拔剑自杀了。

晏婴"二桃杀三士"，是针对田开疆三人性格制订的"阳谋"，一旦有人开始表功，无论谁先说，总有一人没有桃，结局一样。但这又何尝不是田开疆三人骄横跋扈行为酿成的苦果？为人处世，要低调。人狂必有祸，天不收拾人收拾。无论何时，保持谦虚谨慎的初心，才能行稳致远。

第4讲

蓝台之宴

嘴有两个作用：吃饭和说话。胃口太大，就容易病从口入；说话太不走心，就容易祸从口出。

春秋末年晋国的智伯，由于酒后口无遮拦，不仅失去了政治盟友，还间接导致了智氏宗族的覆灭。

当时晋国的政治格局，主弱臣强。一番洗牌

之后，牌桌上留下来的，只剩下智、韩、赵、魏四家。智伯所代表的智氏，牌技好、筹码足，是妥妥的庄家。

话说这一天，智伯在蓝台大摆筵宴，邀请韩氏的当家人韩康子聚会。

酒至半酣，智伯请韩康子赏画《卞庄刺虎图》。智伯生怕韩康子整不明白，一字一顿地给韩康子念画上的题赞：三虎啖羊，势在必争。其斗可俟，其倦可乘。一举兼收，卞庄之能！

韩康子名虎，智伯把韩康子与齐国高虎、郑国罕虎戏称“三虎”，把自己比作刺虎的卞庄，借微醉之机戏弄韩康子和他的谋臣段规。

段规个头矮小，才到智伯胸口的位置。智伯伸手拍着段规的头，说道：“你这小东西，画里面三只虎吃剩的羊杂碎，莫非就是你吗？”

酒宴到了这个份儿上就很尴尬了，韩康子随即告辞，带着段规离开。

智伯有个家臣智国，听说了酒宴上发生的事，就跑来提醒智伯不要耍酒疯拉仇恨。

酒酣胸胆已开张的智伯，瞪大了眼睛，高声喊道：“我不去招惹韩康子，他们就该烧高香了。谁还吃了豹子胆，敢来找我的不痛快？”

此时的智伯已经是猪油蒙了心，什么忠言都听不进去了。那么，他还做过哪些借酒拉仇恨的著名举动呢？

公元452年，智伯担任主帅，带着赵氏的继承人赵无恤讨伐郑国。

两人在军帐中饮酒，一来二去智伯就喝高了。而赵无恤酒量不行，找各种说辞推托。

酒场上的情形都差不多，有人越不能喝，有人就越是苦劝。劝着劝着，不喝酒就成了不给面子。

智伯急了，抄起一只酒杯朝赵无恤脸上扔了过去，搞得赵无恤狼狈不堪。

赵氏宗族的将领们齐刷刷站起来，就要跟智伯拼命。赵无恤连忙阻拦下来，说："父亲之所以让我接班，不就是因为我能忍辱负重吗？"

回到晋国，智伯不依不饶，居然想让赵简子废掉无恤的世子身份。这下捅到了赵无恤的肺管子，"平时让着你就算了。还想断我前程，要不为了顺利接班，我能忍辱负重这么多年？智伯老儿你等着！"

事实证明，无恤真是一个狠角色。后来，赵无恤联合韩、赵两家，不仅将智伯一族消灭了。还把智伯的头颅做成了盛酒的器具。智伯请客吃饭吃出仇恨，还拉上整个宗族咽下被灭的“苦果”。

俗话说：“无酒不成席”，酒要上席宴，就是用来完成一种礼节的，如果饮酒过量，酒后无德，不仅有失礼仪，还会损了自身品德。古人告诫我们：酒以成礼，过则败德。实在是至理名言啊！

第5讲

乐羊食子

俗话说："虎毒不食子。"但有人居然还吃自己的儿子！谁能如此禽兽不如呢？

小说《封神演义》中有个"姬昌食子"的桥段，说的是周文王姬昌被纣王囚禁时，为了天下大业，吃下用儿子伯邑考的肉做成的食物。逃回西岐后，姬昌将肉吐出，变成了三只小白兔。这个故事的真实性无从考证，毕竟这是小说而已。

乐

然而，战国时期的乐羊，却用实际行动诠释了“只有想不到，没有做不到”这句话的含义。“乐羊父食子肉”在历史上可是记载确凿。这到底是怎么一回事呢？

战国初期的中山国是仅次于战国七雄的存在。中山国是一个少数民族白狄建立的国家，经历了戎狄、鲜虞和中山三个发展阶段。公元前404年，魏文侯派乐羊为主将，兵锋直指中山国。

此时魏国是战国第一强国，乐羊也很能打。可中山国也不是吃素的，打仗一点儿也不菜，战事一度十分胶着。乐羊审时度势，中山毕竟人少国小，耗也能耗垮他。战事耗了三年后，魏国蚕食掉中山国的大片土地，战局向着有利于魏国的方向转变。

可魏国的朝臣们等不及了，以魏国的国力，打一个蕞尔小国中山，用得着这么费时费力吗？乐羊是不是通敌了？是不是发战争财了？是不是拥兵自重了？总之，各种嫉妒的、猜疑的、说风凉话的都来了。

说起来，朝臣的议论也不是空穴来风——乐羊儿子乐舒，就在中山国从军。节节败退的中山国，也开始琢磨起了歪招，把乐舒绑了，架到城墙上。“你要攻城，先杀你儿子！”以此要挟乐羊，逼魏国退兵。

乐羊这个时候的确陷入了两难境地。但最终，他选择了恪尽统帅的职守，拒绝妥协。中山国就把乐舒杀了，煮成肉羹之后，还公然派人送给乐羊。这已经是赤裸裸的攻心战了！中山国就是想击垮乐羊的心理防线！面对众目睽睽的三军将士，乐羊端坐中军帐中，淡定地把儿子的肉羹吃得一干二净！

乐羊对魏军将士说，两军相争，各为其主。中山国不讲武德，把我儿子做成肉羹送来，我们怎么办？魏军群情激愤，几番激战，终于攻下了中山的国都。

乐羊为国食子的举动让魏文侯特别感动，他对手下臣子说："乐羊为了国家大事，居然吃自己儿子的肉，激励军士，真是难得的忠臣啊！"没想到大臣堵师赞却冷冷地说："乐羊虽'勇冠三军'，但一个人连自己儿子的肉都敢吃，还有什么事他不敢干？"

魏文侯沉默了。是啊，虎毒尚不食子。乐羊连儿子都吃，如果有足够的利益诱惑，他还有什么豁不出去的？最终，魏文侯虽然给了乐羊中山国故地灵寿作为封地，但是再也没有重用他。乐羊最后老死于灵寿。

乐羊食子是中国历史上一件惊世骇俗的奇事。平心而论，乐羊此举在当时属于不得已为之。不如此，历时三年之久的军事行动很可能功亏一篑。但底线是人性的最后一道防线，是取信于人的基础。如果一个人没了底线，那别人就认为你什么坏事都可以做得出来。乐羊食子突破了人性底线，唐代诗人周昙评价说："杯羹忍啜得非忠，巧佞胡为惑主聪。盈箧谤书能寝默，中山不是乐羊功。"一个人一旦突破为人的底线，即便是为了更高大上的价值取向，也无法洗刷人性缺失的污点。所以唐朝另一位诗人陈子昂论及此事："乐羊为魏将，食子殉军功。骨肉且相薄，他人安得忠？"

乐羊食子的悲剧告诫我们，无论出于什么动机，都不能突破人性的底线，否则人而不仁，如其何？

第6讲

渑池之会

皇皇国宴，吃的是饭，谈的都是大事情。

历史上很多国宴，甚至决定了国家的历史走向，而吃饭的人也走进了史书，为后人敬仰。比如战国时期秦赵渑池之会，这顿饭为两国争取了短暂的和平，也让蔺相如一“饭”成名。

《史记·廉颇蔺相如列传》中关于这顿饭的由

头，是这么写的："其后秦伐赵，拔石城。明年复攻赵，杀二万人。秦王使使者告赵王，欲与王为好，会于西河外渑池。"

公元前279年，秦昭襄王嬴稷"捶"了赵惠文王赵何几次，又是杀人又是抢地盘，打累了，想跟赵惠文王在渑池，也就是如今河南省三门峡市渑池县，坐下来吃顿饭，还当好朋友。

但如果我们跳出《史记》来看，事情远远不是这么简单。

在这顿饭的前一年，公元前280年，秦昭襄王正跟楚国干仗，赳赳老秦主力都在楚国方向。可惜战事不顺利，楚国大将庄蹻，不仅打下了黔中郡，还把战火烧到了秦国巴蜀地区。这种情况下，秦国肯定不能两线开战，只能先暂时跟赵国和好，集中兵力去收拾楚国。

而此时赵国也挺闹腾，萎靡了几年的齐国出

了个猛人田单，突然满血复活了：田单用“火牛阵”把燕国揍得满地找牙，收复了70多座城池，捎带手也把赵国占领的麦丘等城池拿了回去。赵国担心齐国猛人田单找自己麻烦，开始调兵防备齐国。

所以，秦赵两国后院都不太平，打心里都想坐下来聊聊“世界和平”的问题。

占了便宜的秦昭襄王做东，邀请赵惠文王来吃个饭。时间、地点都发给了赵惠文王。

可是不知是不是被秦兵打怕了，赵何想爽约，“赵王畏秦，欲毋行”。

眼看这议和的饭局要黄，关键人物出场了。廉颇、蔺相如两人开始做惠文王的思想工作：“大王，咱得去啊，不去显得胆小，怕了他秦老陕了。大王放心，老廉我带兵护送您到边境。然后我再带5万精兵接应。秦国敢奓刺儿，我立马杀过去。您这顿饭来回最多需要30天，过了30天您要还没回来，咱就立太子为王，断了秦国扣您当‘肉票’的念头。再不行，蔺相如陪着您去吃饭……”

眼见各种应急预案都安排得明明白白，赵何同意了。

这顿饭主宾团聚，准时开席了。刚开始，这饭吃得还挺和谐。嬴稷、赵何推杯换盏，哥俩儿好。

酒过三巡、菜过五味后，一团和气的饭局眼看该上主食，准备散场了。嬴稷突然来了句：“寡人窃闻赵王好音，请奏瑟。”意思是，听说老弟懂音乐，给咱弹个曲儿助助兴呗。

堂堂国宴上，让一国之君奏瑟助兴，实在是欺人太甚。或许是秦昭襄王想起前不久“完璧归赵”这件事吃瘪上火了，要找点面子回来；或者就是单纯地看不起老赵，找碴儿敲打敲打。

按说，此时赵惠文王该怒目而骂，掀桌子也

正常，毕竟士可杀不可辱，何况是君主。然而，老赵最终慑于亲昭襄王的淫威，还真拿起瑟弹了一曲儿。

嬴稷遂了心了，很高兴，吩咐秦国御史在宴会“纪要”上写下“某年月日，秦王与赵王会饮，令赵王鼓瑟”。

嬴稷高兴了，蔺相如怒了：“赵王窃闻秦王善为秦声，请奉盆缶秦王，以相娱乐。”

蔺相如的脑子确实好使，你让我王弹曲儿，那你也展示一段才艺，谁也别瞧不起谁。而且在当时，瑟要比缶高雅，这是给自家大王“拔疮”呢。

嬴稷怒了，不干！蔺相如怒了，相如曰：“五步之内，相如请得以颈血溅大王矣！”蔺相如的意思是说，你不击缶助兴，你我就在五步之内，信不信老子给咱们俩都放放血！——这是要与亲昭襄王同归于尽的节奏啊！

这顿饭僵到这儿了。要么，你来一曲助助兴；要么，我送条命败败兴。真要吃出人命来，指定谈不和了，秦昭襄王这顿饭就白请了。逼不得已，只好击了一缶。

蔺相如照葫芦画瓢，让赵国的御史在宴会“纪要”上写下“某年月日，秦王为赵王击缶”。

闹了这么一出儿，这顿饭也就尴尬了。随后秦赵双方不咸不淡打了几句嘴官司，就各回各家了。

也许有人会疑惑，秦昭襄王为啥不直接剁了蔺相如？其实，嬴稷的手下也有这个想法，而且原因也在《史记》里：“赵亦盛设兵以待秦，秦不敢动。”人家赵国有准备，所以秦国不敢轻举妄动。

赵惠文王、蔺相如得以不落面子地走出宴会厅，底气来自廉颇带去的大军，根源在于赵国的实力还可以，秦国没有必胜的把握，这也是秦昭襄王没动手的根本原因。

历史发展到现在告诉我们一个真理——弱国无外交，只有自身实力强大了，说话才有人认真听，才能保证国民安定、幸福地生活。这也是一代代中华儿女矢志不渝为实现中华民族伟大复兴而奋斗的原因。

第7讲

跪门吃草

孔夫子说“食不厌精，脍不厌细”。中国人对“吃”历来极为讲究，无论是玉盘珍馐，还是粗茶淡饭。但人吃饭菜，动物吃草料，似乎是天经地义的事。然而如果让人吃草料，那当然就是赤裸裸的侮辱了。战国时期，还真有人用动物草料招待故交。这段历史故事的主人公分别是范雎和须贾。

公元前283年，魏国因为参加五国伐齐，得罪了齐国。田单复齐之后，齐襄王励精图治，国势重整。当初跟着小伙伴一起伐齐的魏国派中大夫须贾率团出使，想和齐国修好。齐襄王痛恨魏国趁火打劫，当然不会给魏国使团好脸色。魏国的使者须贾连齐襄王的面都见不着，碰了一鼻子灰。然而须贾的随从范雎却得到齐襄王的礼遇，特赐黄金十斤和牛肉、美酒。范雎严词拒绝，并据实汇报给了须贾。

须贾出使齐国未能达成目标，范雎却露脸了。须贾迁怒于范雎。回到魏国，须贾就在相国魏齐的酒宴上，把范雎受齐王赏赐的事对魏齐讲了。他还添油加醋，捕风捉影，说范雎出卖情报，暗通外国。魏齐是魏国的公子，本就昏聩。听了须贾的谗言，不由大怒，当即命人在堂下对范雎严刑拷打。可怜范雎被打得血肉模糊，肋骨骨折，牙齿被打掉好几颗。眼看性命难保，他就屏息僵卧，装死逃过一劫。魏齐又命人用苇席裹住范雎的“尸体”，扔在厕所里，让宾客轮番往他身上撒尿，借侮辱他以警告“叛国者”。待得天色已晚，只有一名卒吏看守时，范雎哀求卒吏。卒吏谎报范雎已死，获准将他抛“尸”荒野。

后来，范雎的好友郑安平冒险把他藏了起来，几个月后，秦国使节王稽出使魏国，偷偷将他带回了秦国。范雎入秦之后得到了秦昭襄王的重用，化名“张禄”被委任为相国。而魏国人还不明所以。魏王派须贾出使秦国。范雎得知须贾到了秦国，先是把他晾在一边，很长一段时间不予接见。然后，范雎又故意穿着破衣烂衫去见须贾。须贾一见范雎大为惊讶，看他穿着如此寒酸，须贾有些怜悯他，便留下范雎一起吃饭，还取出了一件自己的粗丝袍送给了他。

须贾发愁一直无缘得见秦相张禄，范雎说可以帮他引荐并亲自给须贾驾车，结果须贾到了相府才知道张禄就是范雎。须贾赶紧脱掉上衣、光着膀子，双膝跪地向范雎认罪。范雎并不打算轻易放过须贾，他大骂须贾："你确实罪无可赦，但是你之所以得以不被处死，是因为从今天你赠送粗丝袍这件事来看还算念旧，所以我决定给你一条生路。"于是范雎特意大摆宴席，请来所有诸侯国的使臣宾朋，而把须贾一个人安置在大堂下，并且在他面前放的是喂牲口的一槽草豆掺拌的饲料，又命令两个受过黥刑的犯人在两旁夹着须贾，强行喂他吃饲料。范雎还放言："回去告诉魏王，赶快砍下魏齐的脑袋拿来！不然的话，我就要屠平大梁。"须贾回到魏国，把情况告诉了魏齐，魏齐大为惊恐，知道魏国无力保护自己，便逃到了赵国，躲藏在平原君的家里。魏齐最后走投无路自杀而亡。

有的人，自身履历乏善可陈，只是因为在某个大人物的人生大戏里打过酱油，就由此青史留名。须贾就是这样一个货色。但无论如何，让须贾跪门吃草是极大的侮辱。

范雎的性格锱铢必较，恩怨分明。司马迁曾

评价他：“一饭之德必偿，睚眦之怨必报。”一顿饭的恩德也一定偿还，无意中瞪他一眼也必定报复。范雎睚眦必报，留下了“跪门吃草”的千古传奇。

一个人个性鲜明，本来也算不得坏事，相反还可能有助于个人形象的建立。但是，如果他执掌权柄，左右一国兴衰，那么他的性格缺陷就会被无限放大，甚者还可能误国误民。

秦昭襄王后期，范雎妒贤嫉能，使一代名将白起最后被秦王赐剑自裁，而他自己最终也被秦昭襄王赐死。还是那句话，凡事得饶人处且饶人。这才是足为训诫的至理名言。

第8讲

鸿门宴之攒局者项伯

如果盘点中国历史上著名的饭局排行榜，鸿门宴绝对独占鳌头。这顿饭局，酒菜的香气已经忽略不计了。饭局上充斥着杀气、剑气、义气，当然还有生猪腿的血腥气，并且伴随着范增的闷气和刘邦逃出生天的长舒一口气。鸿门宴不是通常意义上的酒宴，但它的跌宕起伏、峰回路转却抓住了千古以来每一名食客的“味蕾”，令人念念不忘，津津乐道。

要组一个饭局，就需要有人攒局。有人为了“吃”攒饭局，有人为了“名”攒饭局，还有人稀里糊涂就攒了一个饭局。鸿门宴这场跌宕起伏的宴席背后，就有一个攒局者，堪称这场千古大戏的总导演。没有他攒局，鸿门宴压根儿就开不起来。您知道这个人是谁吗？

公元前206年，在项羽和章邯苦斗之时，刘邦趁机先入关中。有人劝说刘邦据关中为王，刘邦认为此计可行，就照着办了。刘邦这么做，与项羽分庭抗礼之心已经昭然若揭。

项羽“闻沛公已定关中，大怒”，下令准备与刘邦兵戎相见。这个时候刘邦拥兵十万，号称二十万，驻军霸上。项羽拥兵四十万，号称百万大军，驻扎在新丰县的鸿门。刘项双方剑拔弩张，战争一触即发。

这个时候还有人不嫌事大，又有两个人各添了一把火。刘邦的左司马曹无伤派人向项羽告密，他告诉项羽："沛公想要在关中称王，任秦王子婴为相，奇珍异宝全都被他占有了。"项羽的重要智囊范增趁机进言项羽说："刘邦没入关之前，既贪财又好色。如今入关，却既不搜刮财物，又不宠幸女色，很显然表明他的志向不小哇！我曾命人观望他那边的云气，都显示出龙虎的形状，出现五彩，这是天子之气啊！应该赶紧灭了他，不要错过了时机！"

然而，这个时候戏剧性的一幕出现了。大战前夜，项羽的堂叔项伯出于个人情谊，跑到刘邦大营向对自己有救命交情的张良通风报信。张良当然要向刘邦汇报。而老江湖出身的刘邦抓住这个稍纵即逝的机会，与项伯结为儿女亲家，成功使项伯站在自己一方。项伯于是给刘邦安排了鸿门宴，以便于刘邦向项羽当面消除误会。

所以在整个鸿门宴上，其实真正起主导作用的人是项伯，是他一手促成了鸿门宴这段传奇历史。

项伯先是回去替刘邦说情："要不是刘邦先攻下关中，您又怎么敢这么大摇大摆进来呀？！如今人家建立了大功却还要去攻打人家，是不义的。不如就势好好地对待他。"项羽竟然答应了项伯的请求。紧接着在鸿门宴上范增指使项庄拔剑起舞。项伯见状也起身拔剑起舞，并时时用身子遮护刘邦，使得项庄行刺未遂。

鸿门宴后仅仅四年，项羽便由天下霸主走上乌江自刎的末路。项伯投降刘邦，被赐姓刘。司马迁后来评价项伯时说：因他在鸿门宴上有功于汉王，所以最终被封为射阳侯。南宋学者徐钧曾有一首诗写道："霸上孤军势莫支，鸿门一剑事尤危。射阳不与留侯旧，楚汉兴亡未可知。"这首诗就指出项伯是一位改变历史进程的人。

鸿门宴上，项伯是总导演，项羽和刘邦是两大主角。项羽本可以杀掉刘邦，却顾及一时不良的政治影响而放跑了刘邦。毛泽东曾指出："惧怕一时的不良的政治影响，就要以长期的不良影响做代价。”所以，中国人民解放军“宜将剩勇追穷寇，不可沽名学霸王”，最终赢得解放战争的胜利。

第9讲

鸿门宴之搅局者樊哙

历史往往是由英雄豪杰书写的，但也不尽然。有时候，小人物的举动也能影响历史的进程。鸿门宴中，樊哙作为刘邦的保镖，开始是没有资格入席的，只能在军营门口等候。及至项庄舞剑，刘邦危急，他才作为搅局者，冲入帐中，以惊艳的表现，成为改变鸿门宴进程的人，也成为楚亡汉兴的推动者。

樊哙对刘邦忠心耿耿，当鸿门宴进行到中途，张良出来跟他说沛公危险时，他立马挺身而出，拿剑持盾，冲入军门。卫士想阻止，被他用盾牌撞倒。他掀帐而入，怒视项羽，吓得项羽握着剑挺起身问："客人是干什么的？"张良说："是沛公的司机兼保镖樊哙。"项羽说："壮士！赏他一杯酒。"左右就递给他一大杯酒。樊哙拜谢后，起身，站着把酒喝了。

项羽又说："赏他一条猪前腿。"左右就给了樊哙一条生的猪前腿。樊哙把盾牌扣在地上，把生猪腿放在盾上，拔出剑来切着吃。

项羽是贵族出身，从小养尊处优，生吃猪肉这种事，对他来说太过野蛮，太过震撼，一下子被镇住了，有点发呆。他的本意可能是刁难一下樊哙，没想到樊哙太生猛了，带血的生猪肘子也能大口嚼。

项羽不知道的是，这是碰巧了，樊哙是屠夫

出身，而屠夫在屠宰中吃生肉并不鲜见，甚至有的屠夫在每次屠宰作业中都要以吃生肉来维持自己的血性。换个其他大将来，比如韩信，就不一定能吃下生肉。

在敬惜英雄的项羽眼中，敢生吃猪肉、将生死置之度外的樊哙也算个英雄，好感度大大上升。而樊哙则抓住项羽愣神儿的机会，对着这位西楚霸王慷慨陈词，说刘邦进了咸阳，一点儿东西都不敢动用，封闭了宫室，军队退回到霸上，是等待大王到来。这样劳苦功高，没有得到封侯的赏赐，反而听信小人的谗言，想杀有功的人，真是冤。

这段话，把爱面子的项羽说得哑口无言，于是请樊哙坐下。刘邦则抓住这个项羽惊魂未定的机遇，赶紧起身上厕所，并把樊哙叫了出去。

不久，项羽派都尉陈平去叫刘邦。刘邦说："现在出来，还没有告辞，这该怎么办？"

这时候，樊哙又一次大放异彩。他对刘邦说："做大事不必顾及小节，讲大礼不需躲避小责备。现在人家正好比是菜刀和砧板，我们则好比是鱼和肉，还辞别什么呢？"刘邦被樊哙说服了，就独自骑马脱身，由拿着剑、盾的樊哙、夏侯婴、靳彊、纪信四人护送着，从小路逃回自己的军营。

历史发展的进程中，既有必然性，也有偶然性。必然性是社会发展过程中不可避免的趋势，而偶然性是其中难以确定的可能。历史不能假设，但鸿门宴成为楚汉相争的一个重要转折点也不能否认。在这场闻名千古的饭局中，又充斥着多少偶然性呀！

这顿饭局，不仅主角刘邦、项羽演技封神，幕后导演、群演的故事同样精彩。

樊哙拿剑持盾，撞倒卫士，冲入军门后，大口喝酒，生吃猪腿一条，慷慨陈词，一时把项羽唬住了，下不了杀刘邦的决心。清人罗惇衍写诗说：“鸿门虎口乘亲骖，裂眦擎卮慷慨谈。楚壁披帏真壮士，汉宫排闼是奇男。狗屠莫笑操刀贱，彘啖曾分舞剑甘。肯附椒房负刘氏，老泉疑案试重参。”

第10讲

鸿门宴之座次规矩

中国人请客吃饭是有规矩的，怎么安排座位大有讲究。这种讲究不是现在才有的，自古就有了。咱们来看楚汉之际的鸿门宴，就能看出各种门道来。

古代，人们会面时的座次是很有讲究的。

在大堂上，以南向为尊，古人常把称王称帝

项伯
项羽
张良
刘邦
范增
樊哙

叫作“南面称孤”。

在小室内，以坐西面东为尊，其次是坐北向南，再次是坐南面北，最卑是坐东面西。

鸿门宴是在军帐内举行的，遵循室内的座次规矩。我们来看看东家项羽的座次安排：

项羽东向而坐；项伯是项羽的叔父，辈分高，也东向而坐；范增是项羽的干爹，占了第二尊位，坐北朝南。

刘邦势小，又是来请罪的，只好屈居下座，坐南朝北；张良及后来闯进的樊哙则只能位列末席，面西或侍或立。

项羽让刘邦北向坐，这就有点过分了。我们都讲远来的是客。刘邦权势再小，也是主宾。按规矩，得上座，结果得了个饭局上端茶倒水的位置。这要是放在鸿门宴的发生地，今天的西安市临潼区，刘邦得气得冒句“瓜怂，坎头子”！

从这顿饭局的座次安排上，也体现了项羽骄傲专横的性格、刘邦的忍辱负重。

楚汉相争之时，先民还未发明椅子、板凳等家具，大多在室内铺张席子，席地而坐。

一般是两膝着地，臀部落在脚踵上。这种坐法比较端庄、安详。

鸿门宴一开始，项羽东向坐，一副怡然自得的派头儿。

还有一种坐法“跽”，小腿与脚面触地，大腿与小腿呈直角，大腿与腰部垂直，为恭敬和警戒的坐姿，又称“危坐”。

鸿门宴中，樊哙突然撞倒卫士闯入帐中后，

项羽马上“按剑而跽”，随时准备站起来拔剑格斗，显示出他当时心里非常紧张、戒备。

既然是饭局，就离不开酒。这是饭局必备的联络感情、缓解冲突等多用途调和剂。

刘邦求项伯为自己说好话，“奉卮酒为寿”；项羽听了刘邦的辩护，用宴请喝酒来联络感情；项羽面对慷慨陈词的樊哙，“赐之卮酒”表示钦佩；樊哙则用“立而饮之”表现“壮士”的无畏。

张良以“沛公不胜杓”为托词，为刘邦“尿遁”找到了借口，不仅救了沛公的命，也悄然改变了楚汉之争的进程。一场鸿门宴，一顿饭一波三折，其结果甚至改写了楚汉之争的进程。这场饭局上，不仅有项羽、刘邦两拨人马明枪暗箭、尔虞我诈的智力较量，也透露出古代的饮食礼仪，从中可以窥见当时待人接物的风俗习惯、社会风尚等。

中国自古就是礼仪之邦，人们的行为举止都

有礼制的规范，即使暗藏杀机的鸿门宴，也处处透露出文化内涵。时至今日，我们请客吃饭依然有一套约定俗成的座次门道，讲究长幼有序、坐有坐相、吃有吃相。不然坐错了位置，饭也吃了，人也请了，还落得个“不懂事”的评价。

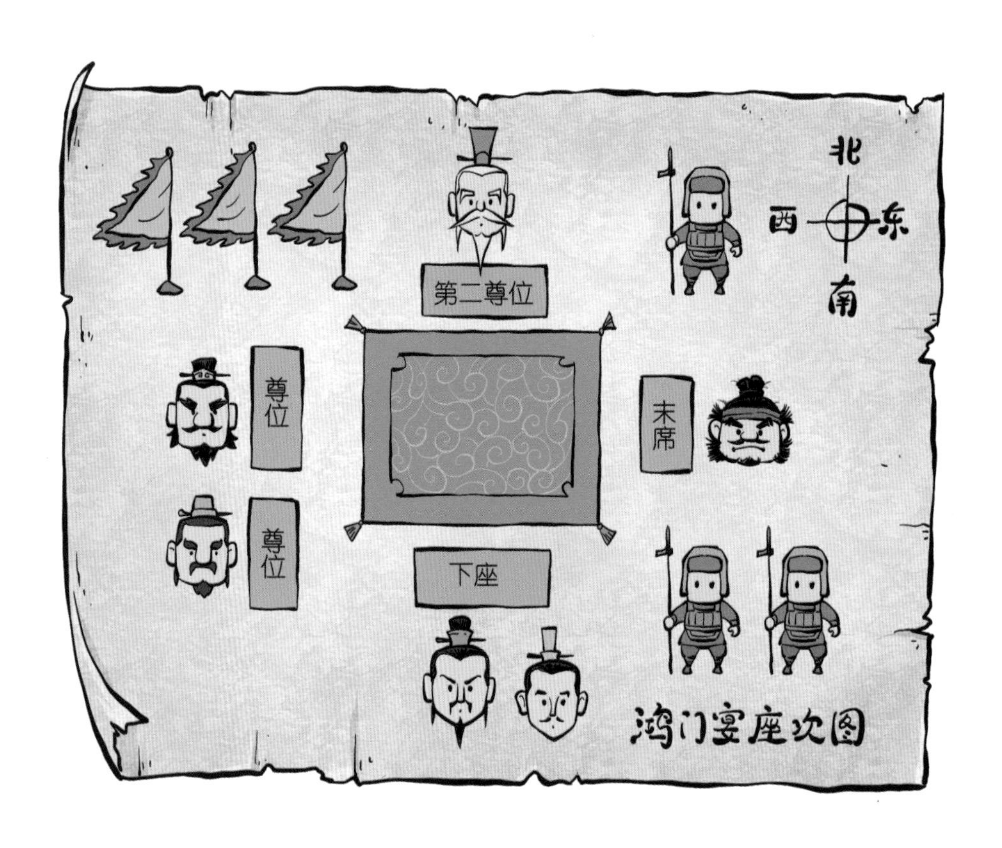

第11讲

借箸代筹

吃饭用筷子是汉文化圈的标志。在中国历史上，筷子不仅用于吃饭，而且还间接影响了中国历史的发展进程，你知道这是怎么回事吗？

这个故事发生在楚汉战争的中后段，当时刘邦和项羽激战正酣，项羽把刘邦打得满地找牙。这时，谋士郦食其给刘邦出了个主意：他说当年秦灭了六国，六国的后代没了立足之地。如果刘

邦能分封六国后代，颁给他们印信，六国的君臣百姓，一定会感恩戴德。你一个人打不了项羽，就搞一群人和他群殴。刘邦觉得这主意不赖，立刻就命人去刻制印信，准备让郦食其带着去分封六国后人。

就在刘邦做着美梦的时候，张良从外面出差回来了。刘邦对张良说："子房，你猜不到吧，有人帮我想到对付项羽的好办法啦！"

等刘邦把话说完，张良大吃一惊，问："这是谁出的主意？要是你真这么干，大王的事业这下可就全完了！"

刘邦一头雾水："这是怎么说的？"

张良顺手抄起几案上的一把筷子，说："请容我拿筷子代替竹筹给您讲讲。"筹是古代一种竹片工具，常用于计数。我们说"运筹帷幄"，就是指的竹筹。

张良说："从前商汤伐夏桀，把夏的后人封在杞，这是因为他有能力置夏桀于死地。现在大王有能力置项羽于死地吗？"

刘邦摇头："不能。"

张良放下第一根筷子，说："这是不可行的理由之一。同理，周武王伐商纣，把商的后人封在宋地，是因为他能拿下纣王的脑袋。请问大王现在能得到项羽的人头吗？"

刘邦又摇头："不能。"

张良放下第二根筷子。接着，张良又问："像周武王一样，笼络前朝贵族精英，你能做到吗？分发府库的粮食、钱财，赈济贫苦百姓，你能做到吗？刀枪入库，马放南山，昭告天下不再动刀兵，你能做到吗……"

张良手里的筷子一支支放下，刘邦的头摇成

了拨浪鼓。

最后，张良提出一个致命的问题："游士们之所以抛家舍业追随你，只是盼着将来得到一块小小的封地。假如分封了六国的后人，这些人都回去侍奉自己的君王了，谁还来帮大王谋取天下呢？"

刘邦听得后背冷汗直流，半天才缓过神来，立刻把嘴里还没下咽的半块肉吐出来，拍着大腿骂道："竖儒几败而公事"，"这个酸腐的书呆子，差一点坏了老子的大事！"立刻下令把刻制了一半的印信全都销毁。

紧要关头，如果刘邦采纳了郦食其的策略，或者没有凑巧碰上张良，那么楚汉对峙的结局固然难以预料，绵延四百余年的汉朝是不是仍然存在，都要打上一个大大的问号，而中华民族的历史，恐怕也会因此改写。后世刘伯温"汉家四百年天下，尽在留侯一箸间"，这两句诗揭示了借箸代筹的历史意义。

饭菜再美味，没有筷子，吃不到嘴里。道理再正确，讲述的方法不对，对方不一定能接受。张良借用一把筷子，形象地说明了非常复杂的道理，客观上起到了立竿见影的效果。司马光为此在《资治通鉴》中专门借荀悦的观点评论说：制定决胜千里的战略战术，其要点有三个：一是强调权衡战略之形势；二是把握临机决断的机遇；三是窥破患得患失的心态。所以，即便是面对策略相同、难度相当的事情但结果却完全不同，那是因为形势、机遇和心态不一样了。借箸代筹告诉我们：道理很重要，但方法比道理更重要。

第12讲

一饭之恩

西汉淮阴侯韩信被誉为“兵仙”，然而韩信的结局却很不好。为什么会导致如此悲剧结局？其实，从韩信三次对待吃饭的态度就可以一窥端倪。为什么这么说呢？请听我一一道来。

司马迁说韩信年轻时“贫无行”。“无行”，就是行为不检点，不懂人情世故。为什么这样说韩信？有两件小事可以印证。一件事是说韩信曾

经多次前往当地一个小吏——下乡南昌亭亭长处吃闲饭，接连数月，亭长的妻子嫌恶他，就提前做好早饭，端到内室床上去吃。到了开饭的时候，韩信去了，却不给他准备饭食。韩信终于明白他们的用意，一怒之下，再也不去了。还有一件事也与蹭吃有关。韩信没有谋生手段，就在城下钓鱼，有几位漂母漂洗衣物，其中一位漂母看见韩信的饿死鬼样，动了恻隐之心，就拿出自己准备的饭分给韩信吃。一连十几天都如此，直到漂洗完毕。韩信很高兴，对那位漂母说："我将来一定重重地报答您老人家。"没想到漂母生气地说："大丈夫不能养活自己，我是可怜你这位公子才给你饭吃，难道是希望你报答吗？"

我们常说一句话，叫作"人穷志短"。韩信没有谋生的本事，为了能吃上饭，逮住一个蹭吃的机会就一直吃下去，直到对方下逐客令。这说明韩信不太懂或者说是不太考虑人情世故，讨人嫌。但韩信又素有大志，自尊心极强，所以吃了亭长老婆的闭门羹之后还很生气。

再说漂母的一饭之恩。俗话说，“人是铁，饭是钢，一顿不吃饿得慌”。我们都可以想到，一个洗衣物的大妈每天能带多少干粮，大妈于心不忍，与韩信分而食之，韩信呢，一连十几天坦然受之，他只想到自己目前饿肚子，完全没有考虑干着重体力活的漂母这十几天其实也非常不容易。漂母给韩信的可不是一饭之恩，而是十多天的连续接济，这已经几乎让漂母无法再支撑下去了。韩信还说日后要回报漂母，难怪要被漂母抢白一番。这么一个到处蹭吃蹭喝的人当然不招人待见，这就使韩信给人造成“无行”的印象。

韩信非常清高，当他被改封为淮阴侯之后，羞于和过去自己的老部下周勃、灌婴等列侯为伍。有一次他实在闲得无聊，溜达去了舞阳侯樊哙家。樊哙仍然以对待楚王和大将军的礼仪跪拜送迎，言必自称臣，说：“大王您肯来为臣的府上！”意思是感到莫大的荣幸。樊哙毕恭毕敬招待韩信，结果韩信出门之后却自嘲笑着说：“生乃与哙等为伍！”我这辈子居然和樊哙这样的人混在一起了！

这就很让人无语了。就以他对待樊哙的态度来讲，换位思考一下，谁愿意和这么自我感觉良好又瞧不起别人的人交朋友呢？

韩信虽然不能体察一饭之恩漂母的难处，也不能接受樊哙毕恭毕敬的盛情招待，但却不能说他是一个无情无义之人。当年项羽派武涉劝韩信自立为王，韩信拒绝，说出的最重要的理由居然是汉王刘邦“解衣衣我，推食食我，背之不祥”。意思是说刘邦对韩信关怀备至。刘邦感觉冷了就脱下自己的衣服给韩信穿，刘邦感觉饿了就推过他的食物让韩信吃。人家如此亲近自己，背叛人家是不吉利的。

知恩图报是一种美德。韩信也不是不懂知恩图报，只不过是他有时不想懂。司马光在《资治通鉴》中一针见血地指出：“信以市井之志利其身，而以士君子之心望于人，不亦难哉！”意思是，韩信只考虑自己的感受，而要求他人宽宏大量，别和自己计较，这不是太难了吗！很显然，吃饭不仅需要有眼色，更需要高情商。老子曾说：“不自见，故明；不自是，故彰；不自伐，故有功；不自矜，故长。”意思是说为人处世都不能太过自我，自满自大、自负张扬、自以为是、自我标榜，唯有设身处地时时处处多替别人着想，才能让自己更好。韩信的一饭之恩就是反面镜鉴。

第13讲

食不置箸

筷子是吃中餐离不了的器具，吃中餐当然应该准备筷子。可有人请客吃饭偏偏不上筷子，结果导致一个赫赫有名的历史人物最后被活活饿死。您知道这是怎么一回事吗？

汉景帝后元年，已经46岁的刘启觉得自己活不了多久了，开始为还没有成年的儿子刘彻物色托孤大臣。汉景帝设了一个饭局，专门邀请有平

定吴楚七国之乱大功的条侯周亚夫赴宴。汉景帝在宫中设宴，“独置大胾”，就是只放了一大块肉，没有切开，又不准备筷子。周亚夫心中不高兴，回过头来吩咐主管宴席的官员取筷子来。汉景帝看着周亚夫，笑着问：“这莫非不满足您的需求吗？”周亚夫一听赶紧摘下帽子向景帝谢罪，汉景帝说：“起来！”周亚夫就快步退了出去，汉景帝目送着他走出去。说了一句话：“此鞅鞅，非少主臣也。”这句话的意思是“如此愤愤不平的人，不可以做辅佐幼年君主的臣子”。“鞅鞅”就是因不平或不满而郁郁不乐，意思和我们今天讲的怏怏不乐差不多。汉景帝想的是，一旦自己百年之后，这位功高震主的大臣能够臣服于年轻的少主吗？

关于汉景帝所说的这句话，成书于北宋的《太平御览》还记载了另一个版本的故事：汉景帝宴请周亚夫的时候，当时年仅14岁的太子刘彻，也就是后来的汉武帝也在座。太子刘彻看到周亚夫面有怒色，于是凝神注目，周亚夫起身之后，汉景帝问刘彻：“你为什么一直盯着这个人看呢？”

刘彻回答说："此人令人生畏，一定会犯上作乱的。"汉景帝笑着说："如此偏执乖戾的性格，不适合做少主的臣子。"

赐食不置箸，后世史家研究认为，此举也许是汉景帝的无心之举，也许是有意为之。后世三国时期曹操赐荀彧空食盒，暗示荀彧自杀，这个故事更印证了汉景帝赐食不置箸的事情恐怕绝非无心之举。无论如何，周亚夫的应对确确实实算是举止失措的。

周亚夫最后被举报后关在狱中，绝食五天而亡。对于周亚夫之死，后世许多人都很同情。司马迁评价说周亚夫用兵稳健而强悍，不亚于上古时期著名的军事家司马穰苴。但是他自满而不好学，坚持原则而不会妥协谦逊，最终陷于困厄境遇，实在令人惋惜！对于周亚夫的悲剧，宋代诗人徐钧写了首诗："削平吴楚大功成，一旦生疑触怒霆。自是君王多任刻，非关许负相书灵。"很显然，在他看来，周亚夫之死，源于汉景帝的苛刻冷血。明代思想家李贽指出，周亚夫三个月就平定叛乱，这份功勋即便子孙后代十代有罪，也是应该宽宥的。

人在职场，迎来送往、合作交流等，免不了要参加饭局，这里边讲究很多，自古以来就是如此，别以为只有现代人才讲究，在古代更是如此。如果搞不清领导的明示或者暗示，就可能断送了职场前途。西汉名将周亚夫就因为搞砸一个饭局，被他的老板汉景帝彻底抛弃了。

第14讲

梁苑之游

1950年2月，著名数学家华罗庚从美国登船回国。在归国途中，华罗庚写了《致中国全体留美学生的公开信》。信中说道："梁园虽好，非久居之乡，归去来兮。"这句话激励了一代又一代海外留学生报效祖国。

华罗庚先生所说的"梁园虽好"是一个典故，出自汉朝司马相如的赋。梁园是汉梁孝王刘武在今河南的开封、商丘一带修建的一座名园，用以广纳天下名士。梁园之中奢华无比，但是对于有抱负的司马相如却没有多大吸引力，于是就有了“梁园虽好，不是久恋之家”的名句。

梁园的主人梁孝王刘武可以说是中国历史上最能“作”的诸侯王。“作”是北方一个俗语，意思就是一个人瞎折腾。汉初最风光的梁孝王，他是怎么把自己“作死”的呢？

梁孝王名字叫刘武，哥哥是汉景帝，大汉王朝一把手。妈妈窦太后，专管一把手。双重宠爱加持的刘武，就负责吃喝玩乐。他的封地梁国大致在今河南省东部、山东省西南部一带，是天下膏腴之地。简单说就是很有钱，刘武死后，梁国府库中剩余的黄金还有四十多万斤，其他财物的价值也与此相当。

有钱有权有势有时间的刘武，开始变着花样吃喝玩乐打发时间。

汉代历史笔记小说集《西京杂记》中记载："梁孝王好营宫室苑囿之乐"，营建了规模宏大绵延数十里的宫殿园林，修筑了兔园。园中修建了一座百灵山，这座人造假山上堆砌了肤寸石、落猿岩、栖龙岫等各种名贵稀奇的山石造型，兔园中珍禽异兽和奇果异树一应俱全。梁孝王整天与伺候陪伴自己的宫人和宾客在其中游弋享乐。

刘武修筑的东苑方圆三百余里，交游的文人常到这里相聚，史称"梁苑之游"。西汉一些著名的文学作品如枚乘的《柳赋》、路乔如的《鹤赋》、公孙诡的《文鹿赋》、邹阳的《酒赋》、公孙乘的《月赋》、羊胜的《屏风赋》、邹阳的《几赋》、司马相如的《子虚赋》等都是在梁苑完成的。孟浩然的一句诗可以概括出梁苑之游的规模："冠盖趋梁苑，江湘失楚材。"

如果仅仅拉一帮文人吃吃喝喝也就算了，但刘武恃宠而骄，心态越来越飘，开始变着花样儿闹腾。

一是朝觐违背规定。刘武向景帝上书请求留居长安，一住就半年。其他诸侯王每次在京城滞留都不得超过20天。更过分的是，刘武给他的随从人员都办了出入宫廷的工作证。

二是为济北王说情，干预朝政。当年七国之乱兴起的时候济北王刘志准备参与其中，幸亏他手下的郎中令劫持了他，使他无法举兵参加叛乱。叛乱平定之后，齐国人公孙玃替他去游说梁王刘武。在刘武的游说下，得以不坐罪，刘志被改封到菑川为王。替谋反未遂的济北王说情，这属于干预朝政，是诸侯王的大忌。

三是擅自杀害朝中大臣。栗太子刘荣被废的时候，窦太后想让刘武为帝位继承人，大臣袁盎等人坚决反对。刘武因怨生恨，暗中派人刺杀了袁盎及其他参与议论的大臣10多人。

如此“作”法，想不死都难。40岁的刘武不仅作死了，而且死因很另类：被汉景帝疏远后刘武很郁闷，在封地打猎时，有人献给他一头背上长了脚的牛，以为祥瑞。但刘武看了感觉非常讨厌，回去之后就发烧病死了。

史学家班固评价梁孝王说：梁孝王虽然因为是汉景帝的亲弟弟、窦太后的小儿子的缘故分封到最富裕的封地，而且正好赶上文景之治的盛世，老百姓也富裕，所以他能够海量囤积财富，大肆营建宫室。但他的所作所为确实已经僭越了作为一个诸侯王的法度。梁孝王依仗出身显贵受宠，但最终却因为贪得无厌而抑郁而亡。促使梁孝王忧惧而死的居然是一头畸形的牛。“牛祸”从此成为象征将有灾祸的一个典故。

“梁园虽好，不是久恋之家”，这个典故提醒人们，吃喝玩乐固然是享受，但不能过分沉溺于物欲之中。

第15讲

窦灌使酒

古人说与损友交，“引与为友，益少损多”。西汉名臣窦婴之死正是源于他与酒鬼灌夫的倾心结交。

窦婴之死，灌夫难辞其咎。灌夫这个人在当时也算一号人物。他是开国元勋颍阴侯灌婴的家臣，原本姓张，从他的父亲开始冒充主人颍阴侯的姓氏，改姓灌。灌夫在平定七国之乱时因为打

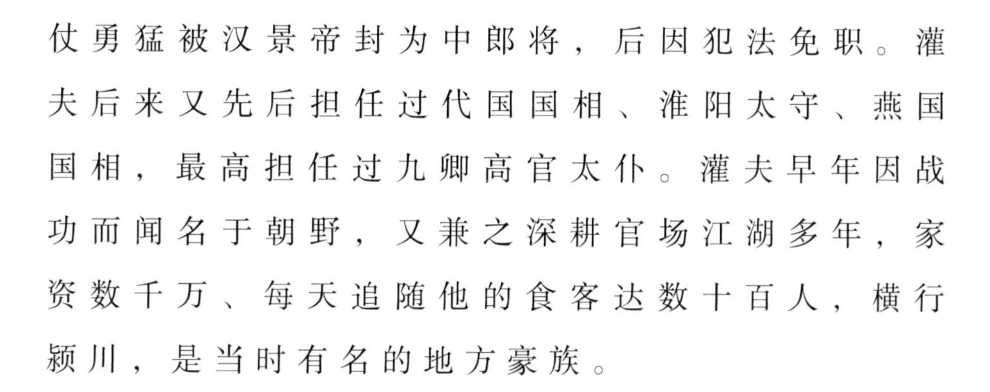

仗勇猛被汉景帝封为中郎将，后因犯法免职。灌夫后来又先后担任过代国国相、淮阳太守、燕国国相，最高担任过九卿高官太仆。灌夫早年因战功而闻名于朝野，又兼之深耕官场江湖多年，家资数千万、每天追随他的食客达数十百人，横行颍川，是当时有名的地方豪族。

灌夫最大的毛病是“好酒使性”，就是爱撒酒疯。在京师任职的时候就曾因酒后殴打窦太后的兄弟、长乐卫尉窦甫，被汉武帝刘彻调离长安，到燕国担任国相。但几年以后，灌夫再次因犯法免官，返回长安，在家中闲居。不安分又爱撒酒疯，灌夫就是一个随时可能爆炸的火药桶。谁沾上谁倒霉，但就是这么一个人，居然与魏其侯窦婴一拍即合，惺惺相惜。

汉武帝元光四年夏天，丞相田蚡要迎娶燕国公主为夫人。王太后下令：列侯宗室亲贵都要到场祝贺。魏其侯窦婴拉着灌夫一起去丞相府赴宴。这种事本来与灌夫不相干，灌夫自己也本不想去，怕自己酒后闹事。但窦婴很可能是担心自己去了落落寡合没意思，所以强拉着灌夫一起去了。

窦婴这叫好了伤疤忘了疼。在此之前，灌夫上赶着安排窦婴在家招待田蚡，结果热脸贴了个冷屁股。田蚡摆谱，迟迟不去，在灌夫的软磨硬泡之下好不容易姗姗来迟，却又在酒席宴上与灌夫有了过节。窦婴明知灌夫与田蚡不睦，却执意携灌夫一同赴宴，“好酒使性”的灌夫不闹事才叫不正常。

灌夫大闹田蚡的婚宴，不仅是不敬丞相，而且是对太后的大不敬，因为婚宴是皇帝的母亲王太后下令操办的。灌夫确实不是吃素的，他暗中掌握了丞相田蚡勾结淮南王索贿的把柄，所以田蚡一旦动手就绝不留情，结果直接把灌夫定了灭族大罪。

魏其侯窦婴执意要营救灌夫，这实际上就把自己置于田蚡的对立面了。窦婴亲自进宫向汉武帝说明宴会情形。碍于窦婴田蚡双方都为外戚的显贵身份，汉武帝决定当着太后的面组织廷辩。事已至此，双方都已经没有了回旋余地，事态已经演变成了新旧外戚势力一较长短的问题，而不是杀不杀灌夫的问题。

在母亲王太后的压力之下，武帝下令将灌夫满门处斩。汉武帝派执法官员审查魏其侯，最终判处魏其侯斩首示众。元光四年冬季，十二月最后一天，执法官员根据所定罪名在渭城处死了魏其侯窦婴。

司马迁说窦婴“诚不知时变”。就是没有自知之明，摆不正自己的位置，做事意气用事，这就是窦婴之死的悲剧所在。司马迁在《史记·滑稽列传》中记载淳于髡告诫齐威王：“酒极则乱，乐极则悲，万事尽然。”酒喝过头了就容易惹是生非，乐极生悲，人世间的事情往往如此。人生在世，无论是交友还是做事，都不能太过随性了。凡事只想着由着性子去做，大多会以悲剧收场。

曹
曹

第16讲

望梅止渴

职场“画大饼”，还得曹孟德。三国时期的曹操仅动动嘴，一顿神忽悠，愣是让饥渴难耐的三军将士急行军几十里，今天我们就一块来聊聊“望梅止渴”这个故事。

《三国演义》第二十一回中提到，曹操请刘备“青梅煮酒论英雄”时说了宴饮的由头：“适见枝头梅子青青，忽感去年征张绣时，道上缺水，将士皆渴，吾心生一计，以鞭虚指曰：‘前有梅林’，军士闻之口皆生唾，由是不渴。今见此梅，不可不赏。”

原来，当时曹操刚刚“挟天子以令诸侯”，周围群雄环伺，亟须一场胜仗站稳脚跟，据守荆州北大门宛城的小军阀张绣，成为曹操眼中的“软柿子”，曹操决定出兵打他。

曹操带领军队赶路，行军途中找不到取水处，全军饥渴难耐。他就传令说，“前面有个大梅林，结了很多梅子，酸酸甜甜很解渴。”士兵们听了，不由得流口水。靠着这个有趣的条件反射，军队终于撑到了前面的水源地。

然而，“软柿子”并不好捏。曹操打张绣这个“软柿子”要付出的代价是，不仅有曹操长子曹昂、侄子曹安民，还有曹操最倚重的爱将典韦的战死。

公元199年，曹操与袁绍的官渡之战一触即发。曹、袁双方都想拉拢张绣。袁绍遣人招张绣，但贾诩说服张绣归顺曹操。

当年十一月，张绣率众降曹。曹操握着张绣的手请他吃饭，还与张绣结为姻亲，拜张绣为扬武将军。

曹操能放下杀子之仇接纳张绣，显示了宽博的政治家胸襟。用贾诩的话说就是："夫有霸王之志者，固将释私怨以明德于四海。"

转过年来，公元220年，曹操带着40万人马讨伐刘备。面对"桃园结义三兄弟"加上诸葛军师的黄金组合，打了好几个月，曹操逢战必败，很是懊恼。

有天晚上，夏侯惇问曹操营中口号。正喝鸡汤的曹操看到碗中有根鸡肋，有感而发说："鸡肋，鸡肋。"听到这个口号，主簿杨修就吩咐士兵收拾行李，准备回家。夏侯惇一看乱糟糟的军营着急了:“杨主簿,你这是惑乱军心啊,丞相得砍了你。”杨修笑着说:“别着急,大王一说‘鸡肋’为口号,我就知道大王想退兵了。鸡肋、鸡肋,吃吧没有多少肉,扔了吧又可惜。大王出征不利,有了退兵的打算不好意思明说,我让士兵提前准备,免得到时候慌乱。”

杨修的这套“鸡肋”的说辞,被曹操听见了。或许是被人猜中了心思,恼羞成怒;或许是给退兵找个合适借口,曹操以惑乱军心的罪名,把杨修砍了,然后退兵了。

“望梅止渴”“鸡肋斩杨修”体现了曹操过人的聪明才智和对员工风险管理的高超手腕。

从饮食学角度看,梅子确有生津、止渴之效。从生理学角度看,望梅而生津是人类高级神经系统活动的一种反应,是条件反射的结果。直到20世纪,俄国生理学家巴甫洛夫才说清楚这个道理。而1800多年前的曹操已经用实践验证了这个理论。可以说，曹操用望梅止渴给我们上了一堂危机处理课、职场激励课。

望梅止渴而口舌生津，而由鸡肋联想到大军的处境，这是典型的触景生情。中华饮食色香味俱全，一吃之后就令人难以忘怀。后世西晋文学家张翰将“望梅止渴”这一优良传统发扬光大，并留下了“莼鲈之思”的典故。

张翰，字季鹰，西晋时在洛阳为官，官已经当到了大司马东曹掾。《世说新语》记载说，有一天张翰看见秋风起，想到了老家吴郡的莼羹、鲈鱼的美味，感慨说人生最重要的是能适合自己的活法，怎么能够为当官离家千里之外呢？于是辞官回家吃鲈鱼，成就为美食而辞官的一段佳话。

唐代诗仙李白称赞张翰：“君不见吴中张翰称达生，秋风忽忆江东行。且乐生前一杯酒，何须身后千载名。”后来的文人将思念家乡、弃官归隐称为“莼鲈之思”。和张翰一样，因为鲈鱼的味道想回家的宋代大文豪苏轼也写了首诗，抒发感情：“莫怪归心甚速，西湖自有蛾眉。若见故人须细说，白发倍当时。小郑非常强记，二南依旧能诗。更有鲈鱼堪切脍，儿辈莫教知。”

每个人都有自己的味蕾记忆，这些美好的味蕾记忆，欺骗的不是大脑，而是我们对美好生活的向往和回忆。相信各位读者也有属于自己的味蕾记忆。

第17讲

青梅煮酒

青梅煮酒是《三国演义》中的一个著名桥段，表面上看是曹操曹孟德与刘备刘玄德两位很有品德的人喝酒闲聊。可在推杯换盏、谈笑风生的背后，却是两个重量级人物的一场心理暗战。

交锋场面之惊险，人物内心之煎熬，一点不比当年的“鸿门宴”逊色。

建安四年，当时，曹操在白门楼勒杀吕布后，带着刘皇叔回到许昌。谋臣劝说曹操早日杀掉刘备，曹操嘴上说:“实在吾掌握之内，吾何惧哉？”但还是有所顾虑。

此时刘备不仅实力弱，还参加了密谋除掉曹操的“衣带诏”事件，也怕曹操加害，于是在家中后院种起了菜，韬光养晦。

一天，刘备正在后园浇菜，许褚、张辽带了数十个人，客气但不容反驳地请他去见曹操。

一见面，曹操大笑，“你在家做得好大事！”唬得刘备面如土色。

曹操却拉着刘备的手，走到后园，“玄德学习园艺不容易啊！”刘备这才放心，“没事儿干，种着玩。”

刚见面，曹操就主动发起了心理战，但被刘

备轻描淡写地化解了。

接着，曹操看到梅子青青，又煮酒正当时，邀刘备一起喝酒。

酒至半酣，忽见乌云滚滚状如龙。曹操借机发难，问刘备是否知道龙的变化。刘备说不知道。

曹操便说，“龙能大能小，能升能隐；大则兴云吐雾，小则隐介藏形；升则飞腾于宇宙之间，隐则潜伏于波涛之内。龙可比世之英雄，请问玄德当世谁是英雄？”刘备说自己见识浅薄，不识英雄。

这个回答曹操不满意，“没见过人，总听过名吧？”刘备只好随便说了几个当世名人搪塞，都被曹操否定了，“现今天下的英雄，只有使君和我曹操两人而已！”

刘备听到这句话，以为“衣带诏”露馅了，

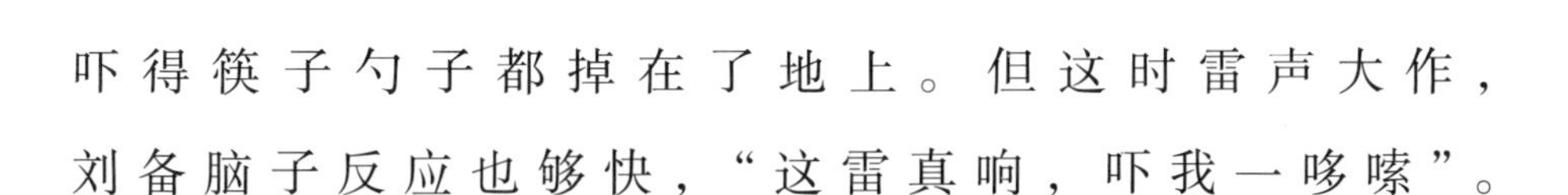

吓得筷子勺子都掉在了地上。但这时雷声大作，刘备脑子反应也够快，“这雷真响，吓我一哆嗦”。

曹操嘲笑说，“大丈夫也怕打雷吗？”

刘备说，“圣人听到刮风打雷也会变脸色，我怎么能不怕呢？”把刚才的事轻轻掩饰了过去。曹操这才不怀疑刘备。

青梅煮酒论英雄后，刘备找机会彻底脱离曹操集团，一路摸爬滚打，最终创立蜀国。

尽管“青梅煮酒论英雄”的故事精彩绝伦，但此事并不见于正史，而是《三国演义》的作者根据陈寿《三国志·蜀书·先主传》记载的“出则同舆，坐则同席”一句话演绎而成。

《先主传》记载，曹操在一次饮宴中对刘备说，“今天下英雄，唯使君与操耳”，但没有具体描述是否“青梅煮酒”。

刘备是在听了曹操的这句话后动了杀机，参与了“衣带诏”事件，欲联合其他力量诛杀曹操。

刺曹事败后，刘备占据下邳，杀了徐州刺史车胄，与曹操彻底撕破了脸。

曹操放走刘备时，不会想到，这个人日后会成为他统一天下最大的阻碍。

曹操说英雄“能大能小，能升能隐”，既是自己的写照，也是对刘备的素描，更是对众多三国人物的集体评说，与孟子说的“穷则独善其身，达则兼济天下”何尝没有异曲同工之妙？

我们每个人，都能从青梅煮酒这个故事里，品到些人生的滋味。

大则兴云吐雾，小则隐介藏形；升则飞腾于宇宙之间，隐则潜伏于波涛之内。

第18讲

何不食肉糜

“朱门酒肉臭，路有冻死骨。”唐朝诗人杜甫这两句诗，很形象地写出了封建王朝老百姓的悲惨生活。可这两句诗如果让晋惠帝司马衷看到，他会很疑惑——老百姓没有饭吃，为什么不吃肉粥呢，怎么会饿死？

司马衷的这句著名的灵魂拷问，在史书中是这样写的：“及天下荒乱，百姓饿死，帝曰：‘何

不食肉糜？’其蒙蔽皆此类也。”（《晋书·惠帝纪》）

堂堂一国君主，居然能说出这么幼稚的话，实在让人无语。

如果我们回到西晋，看看司马衷身边人过的啥生活，会更无语。

晋武帝“（泰始）三年春正月丁卯，立皇子衷为皇太子”，时年9岁。老爹晋武帝司马炎，喜欢驾着羊车去泡妞。羊车停谁家，就宠幸谁。争宠的美女们纷纷在门口插竹叶、泼盐水，吸引羊驻足啃食，留下司马炎。一时间，后宫到处插竹撒盐。

驸马王济，喜欢骑马，在跑马场周边挖深沟，用铜钱铺满，人称“金沟”。吃的小猪都是用人奶喂大的，号称“人乳猪”。

还有著名的石崇和王恺斗富的故事。石崇就

是史上以蜡烛当柴火烧的主儿。王恺是司马炎舅舅，从皇帝外甥那儿借来一株两尺高的珊瑚树，跑去找石崇斗富，“这么高的珊瑚树见过吗？”石崇默默无语地抽出根铁尺，把珊瑚树砸个稀巴烂。面对瞠目结舌的王恺，挥了挥手，家丁们抬出来几十株珊瑚树，“来，你随便挑，算咱俩换的。你那株太次，我不稀罕”。

从小见惯了奢靡腐烂的生活，司马衷能说出如此“名”垂千秋的话，也就可以理解了。何况司马衷本人脑子也不太灵光。

有一次，司马衷领着一群人在华林园游逛。突然间，池塘边响起一阵蛤蟆叫，司马衷随口问：“这些蛤蟆是在为官家叫，还是在为私人叫？”

《晋书·惠帝纪》记载：帝尝在华林园，闻虾蟆声，谓左右曰：“此鸣者为官乎，私乎？”或对曰：“在官地为官，在私地为私。”

众人都蒙了，这啥意思？蛤蟆天生会叫，谁知道为个啥？有个人很机灵地说："在官家地里叫的为官家，在私人地里叫的为私人。"司马衷觉得这个回答很到位，认可了。

如此白痴的司马衷为何还能当上皇帝，主要在于4个女人。首先当然是亲妈皇后杨艳的宠爱。其次是姨妈杨芷。杨艳临死，将叔父家妹妹杨芷"续弦"给司马炎为皇后，杨芷不负姐姐，以司马衷为嫡长子，力保继位。

第三个女人的故事有点乱伦了，在司马衷娶媳妇时，老爹司马炎把自己妃子谢玖赐给他，教授成人礼。没多久谢玖居然怀孕了，生下皇孙司马遹。跟愚钝的司马衷相比，司马遹十分聪明伶俐。有天夜里，皇宫走水，司马炎登楼察看。5岁的司马遹拽着司马炎衣角走进暗处说："突然失火要防备不测，皇帝不能站在亮处，让别人随便看到，太危险。"由于有个"好圣孙"，司马炎也一直犹豫，没有废掉司马衷太子的位子。不过当时没有DNA鉴定技术，司马遹到底是“好圣孙”还是“好大儿”，也就不好说了。

第四个女人就是媳妇贾南风了。作为历史上“帝愚后妒”的知名组合，贾南风颇有心机，而且善妒专权。司马衷愚钝不堪掌国，在当时已经是公开的秘密。几乎所有人都反对，征北大将军卫瓘在宴会上，假借喝醉酒，摸着龙椅对司马炎说：“可惜了这么好的椅子。”司马炎也心知肚明，没有吭声。

或许是架不住朝臣明谏暗示，百姓议论纷纷；或许是自己对这个接班人也有点儿担心，司马炎决定出题，考考自己这个太子到底咋样。

司马炎出的是治理国家的时政题，又是开卷考试，可依然把司马衷难住了。这事儿贾南风有主意，找人写了答案，带进东宫让司马衷抄一遍交上去。自家老公什么水平，贾南风心知肚明，和幕僚商量后，“直以意对”，经过一番修改，史上第一篇“白话文”诞生了。没有引经据典，就是直白的几句话。不求文章有深度，只求逻辑不混乱。司马炎看了很满意，“太子也不是白痴嘛，这卷子答得简单明了，就是肤浅了一点儿、文采差了一点儿。慢慢学，就会了。”

公元290年，“何不食肉糜”的司马衷继位了，贾南风开始垂帘听政了。让我们来看看贾南风的政绩：联络汝南王司马亮、楚王司马玮杀杨骏（杨芷父亲，当朝太傅，总领百官），废杨太后杨芷，又让司马玮杀司马亮和卫瓘，然后又杀掉了司马玮，设计废黜处死太子司马遹……

这一番操作下来，不造反都不行。公元300年，赵王司马伦带头反了：贾南风被废为庶民，拘禁在建始殿，后被迫喝毒酒自杀；公元301年，司马衷被迫禅让皇位给司马伦。

这个司马伦也不是个贤明的皇上，大肆封官赏钱。每天朝堂上，坐满了插着貂尾、蝉羽的官员。

貂尾不够了，就用狗尾代替，这也是“狗尾续貂”的来历。由于刻官印的速度赶不上封侯爷的速度，司马伦就发明了无字白板的官印代替。

其实，司马伦犯的最大的错误，就是不该废掉晋惠帝司马衷，学学前辈曹操“挟天子以令诸侯”也可以。司马伦当皇帝了，其他藩王不干了，纷纷起兵征战，史称“八王之乱”。“太上皇”司马衷也成为各藩王争夺的“吉祥物”，打着拥立他的旗号争取四方支持，公元307年相传司马衷被东海王司马越毒死在洛阳。

《左传》中“触龙说赵太后”，触龙劝告赵太后，如果你儿子长安君没有大功于国家，却享受着国家的名位待遇，必然会带来祸患，也就是我们常说的德不配位。司马衷就是德不配位的典型，他的昏聩无能不仅害了自己，更害了黎民百姓，由此开启了中华民族200多年最黑暗的乱世。

第19讲

新亭对泣

“人心散了，队伍就不好带了。”可人心如果绝望了，该怎么办？“新亭会”这个故事或许能给点儿有用的建议。因为这是史上最混乱的两晋十六国时期，最鼓舞人心的一顿饭局，可以说它改变了历史走向，促进了东晋政权的建立。

翻看史料就会发现，晋朝的历史就是一部战争史，英雄、枭雄、奸雄、狗熊并存。为了当天下共主，200年内70个地方“军阀”近200个首领，或单挑或群殴或组队互殴，把这大好天下砸了个稀巴烂。

“乱”成为这个时代的主题，政治乱、军事乱、生活更乱：八王之乱、五胡乱华、永嘉之乱、衣冠南渡等，还有民间流传的“两脚羊”人肉军粮的传说，人性中的血腥、暴虐的暗黑面被无限放大，作乱整个时代，乱得让人战栗、绝望、麻木。

据《晋书·食货志》记载：“及惠帝后，政教陵夷，至于永嘉，丧乱弥甚……人多相食，饥疫总至，百官流亡者十八九。”晋永嘉五年即公元311年3月，羯族人石勒（后赵开国皇帝）在苦县宁平城消灭10多万晋军。随后晋军连败12次，死了3万多人。国都洛阳城破，官员百姓又死了3万多。洛阳被一把火烧了个稀巴烂，皇帝也被抓了。匈奴、羯、氐、羌、鲜卑“五胡”大军还在四处烧杀抢掠。

被屠杀绝望的士族、百姓，纷纷向南渡过长江，到相对安全的江东地区避难。“洛京倾覆，中州士女避乱江左者十六七”，这就是“衣冠南渡”。

南渡虽然暂时保住性命，可江北的寒刀冷箭，令北方士族终日神经紧绷，寝食难安。加上逃难离家，思家愈切。想家时一群人便到江边新亭聚会吃饭喝酒。隔江北望，就着梦中的故土样貌下酒，喝一口哭一嘴。

这个新亭在三国东吴时期，就是士族名流喝酒会朋友的知名场所。南渡而来的士族在此喝闷酒，感慨往日先辈名士在此聚会侃大山，痛快逍遥；而今自己在此，借酒消愁，狼狈抑郁。周颉说，“风景也挺好看，可是抬眼只能看见长江，看不到故乡的黄河。”

然而，文人士族不善刀兵，正在众人沉浸在这辈子都回不去家的悲愤情绪中难以自拔时，一道声音如同划破暗黑的惊雷——“当共勠力王室，克复神州，何至作楚囚相对泣邪！”说话的人叫王导，意思是，所以大家更应该齐心协力辅佐王室，收复我们的故土。怎么能像监狱里的囚犯一样抱头痛哭呢？

众人听王导说得大义凛然，都深感惭愧，精神也随即振奋了起来。王导这番话喊出了南渡士族内心深处的渴望，同时也稳定了涣散的人心，为将来东晋政权的建立种下了希望。

这个王导来头不小，是著名士族琅琊王氏人，人称“江左管夷吾”。他有一个哥哥叫王祥，是二十四孝中“卧冰求鲤”的主人公。此时王导和族人王敦等人，在辅佐琅琊王司马睿做一番“事业”。

司马睿在王导的劝说下，早在永嘉元年即公元307年，已经到建业也就是现在的南京当安东将军。他的辖区是扬州和江南地区，也是衣冠南渡的地方。

作为日后东晋政权创始人，刚到南京的司马睿过得不咋地。由于没啥名声，当地人不重视他，公开招聘很长时间也没人报名，这让很有抱负的司马睿很郁闷。

为此，王导在三月三上巳节这天，让司马睿“肩舆出巡，仪仗隆隆、行列威严”，说白了就是策划了一场“军演走秀”，给觉得司马睿没实力的人们“秀肌肉、刷印象分”，以便招揽。果然江东士族彻底被司马睿的声势震慑住了，名士贺循、顾荣两位南方士族首领投靠司马睿，分别成为吴国内史和军司马，司马睿在江东的威望与日俱增。

为了招贤纳士，在王导建议下，司马睿从衣冠南渡群体中选用了100多人为“掾属”，也就是参谋智囊团，人称“百六掾”。此后，王敦统兵马，王导掌政事，司马睿逐渐在江东站稳了脚跟，手下大将祖逖——“闻鸡起舞”的主人公带兵北伐，收复黄河以南部分领土。太兴元年（即公元318年），司马睿即皇帝位，建立东晋政权。

宋代诗人陆游曾写道："新亭对泣犹稀见，况觅夷吾一辈人。"新亭会也从此成了国人心中不畏挫折、踔厉奋发、勇毅前行的象征符号。

第20讲

曲水流觞

作为一种公共的文化行为，节日的最终目的并不在于娱乐或审美，而在于社会教育和社会融合，是为了通过集体的庆祝活动和人人参与，来建立一套公共的精神信仰和价值观念。今天的生活节奏越来越快，有些人过节的文化意义越来越淡泊，节日显得越来越缺少文化内涵。那您知道古人过的最有文化内涵的节是哪一个吗？他们又是怎么过的呢？

公元353年，这么说您可能没感觉，我如果说永和九年，您可能马上就想到东晋大书法家王羲之的《兰亭集序》。“永和九年，岁在癸丑。暮春之初，会于会稽山阴之兰亭，修禊事也。群贤毕至，少长咸集。此地有崇山峻岭，茂林修竹；又有清流激湍，映带左右，引以为流觞曲水……”

曲水流觞就是魏晋南北朝时期古人过上巳节的文化活动。暮春之初的三月三日，王羲之和当时的达官贵人，名士谢安、孙绰等42人，在会稽山阴（今浙江绍兴）的兰亭，按照“修禊”的习俗，借着宛转的溪水，“流觞”饮酒，吟诗咏怀。42人中，王羲之等11人各赋得四言或五言诗一首；有15人各成诗一首；另外16人混迹于名士中，一首诗也凑不出来，只得各“罚酒三巨觥”。《兰亭集序》就是王羲之为当时即兴而作的几十首诗写的序言。

“曲水流觞”的雅集宴饮，其实并非王羲之等人首创，他们只是沿袭了古代修禊的习俗，不过这一次集中了一批喜欢舞文弄墨的名士和一些附庸风雅的士大夫，而王羲之的《兰亭集序》给这个群众性的节日赋予了足以闪耀中国文化史的文化情调。曲水流觞从此成为文人雅集的代名词，后世士大夫们纷纷响应，成了中国式的古典文化“沙龙”。

修禊的历史可以追溯到周代。每年春天，三月的“上巳”日，女巫在河边举行仪式，为人们除灾祛病，叫作“祓除”，也叫“修禊”。因为修禊是在河边搞的活动，又演变成了临水宴饮的风俗，修禊的古老巫术仪式逐渐让位于活泼的宴游了。达官贵人或文人骚客更免不了要赋诗行令，既然是临水宴饮，又索性变些花样，把酒杯放在弯曲环绕的小溪流里，让它随波逐流，酒杯漂到谁的面前，谁就拿起来一饮而尽，称之为“曲水流觞”。

直到唐宋，朝廷还一直重视禊日的活动，皇帝经常在这一天赐宴、赐钱给文武百官，并且官修游船画舫，以助游兴。宋时“赐宴曲江，倾都禊饮、踏青”。至元时，有水上迎祥之乐。明清以后，理学强盛，上巳节祓禊、高禖之意味日渐淡薄，逐渐演变为春游节，民间有“寻春直须三月三”之说，上巳节还并入寒食清明节，其流杯、戴柳、探春、踏青等习俗也成为清明节之组成部分。

“书圣”王羲之组织的一次节日聚餐，不仅诞生了《兰亭集序》这幅“天下第一行书”，也让“曲水流觞”这一风雅习俗大放异彩。“曲水流觞”也因为兰亭雅集而名震后世。我们应该感谢王羲之、李白、苏东坡等文人雅士们。正是他们的风雅行为使我们明白，过节的真正意义，并不是为了物质的增值，而是为了精神文明的建设，为了重塑人们的礼仪规范与道德价值观念，为了建立一个美好和谐的社会环境。

第21讲

扪虱而谈

俗话说“烟开道，酒架桥”。认不认识的人，碰面了递根烟、敬杯酒，关系很快熟络起来。在魏晋时期，“开道架桥”的叫“五石散”。这东西类似清朝的鸦片，吃多了容易长虱子。那时，名士们一边扯闲篇，一边捉虱子，是很流行的做派。

今天故事的主人公王猛，就比较“猛”了。面对晋朝大将军桓温“扪虱而谈”，令桓温为之倾

倒、拉拢，后期更是辅佐前秦苻坚统一北方，人称“功盖诸葛第一人”。

话说，公元354年，执掌晋朝大权的桓温统率五万步骑，北伐氐族王朝前秦，驻军灞上。许多晋朝旧民纷纷前来投奔，“你们咋才来呢！”

前来求见的人中，就有北海人王猛。《晋书·王猛传》：“桓温入关，猛被褐而诣之，一面谈当世之事，扪虱而言，旁若无人。”

魏晋南北朝时期，士人流行吃“五石散”，这药主要成分为石钟乳、石硫黄、白石英、紫石英、赤石脂等，原本是治伤寒的药剂。吃后，全身先热后冷，有点像轻度“打摆子”疟疾，所以得溜达散步，吃冷东西，喝热酒，穿薄衣服，冲凉水澡。

另外，吃了这药，皮肤特别敏感，容易磨破，新衣服比较硬，魏晋名士大多喜欢穿柔软的、破旧的、没洗过的衣衫，但这样不讲卫生，容易长虱子。

那时，名士们一边谈天，一边把手伸到衣服里捉虱子，被认为是很高雅的举动。在此大胆猜测一下，当时人们以吃五石散为荣，或许是身处黑暗、暴虐的时代，看不到未来，指不定哪天醒了脑袋就搬家了，干脆就嗑药。

见到身穿麻布衣服的王猛，桓温也没放在眼里，随口问道："这位壮士，对眼下时局有什么高见？"立于军帐中的王猛，不紧不慢地从衣服里捉虱子，谈论天下大事，滔滔不绝。桓温不由收起轻视之心："我奉天子之命，统率十万精兵讨伐逆贼，为百姓除害，而关中英雄好汉却几乎没人投奔我，这是为啥？"

王猛一笑，弹走一只虱子说："您兴兵北伐，长安就在眼前，您为啥不去把它拿下？关中豪杰猜不透将军心思啊。"

其实，桓温北伐就是个形象工程，转移东晋朝廷的注意力，顺便展示自己的实力，巩固地位就行，压根没想开疆扩土，便宜朝廷。被说中了心事的桓温竟无言以对。临行前，桓温赐给王猛华车宝马，拉拢他一起做番大事业。王猛看透了桓温也是脑后长反骨的主，拒绝了邀请，转投东海王苻坚。

后来，因前秦皇帝苻坚坚壁清野，派了“游击队”将城外粮食烧光、毁光。桓温没了粮草，只好退兵。

桓温本就有篡权的野心，他想通过北伐树威望、买人心，再逼迫晋帝退位。但攻打前秦长安，因缺粮失败；后讨伐燕国邺城，再次失败；最后编了个皇帝“没太子”的谣言兵变。“诬称皇帝”的司马奕不能生育废黜为东海王，立相王司马昱为帝。司马昱第二年病亡，大臣谢安、王彪之、王坦之等，力拥太子司马曜为帝，桓温再次篡权失败，最终暴病而亡。

桓温那边忙着篡权，前秦这边也很热闹。击

退桓温不久，苻健病亡，独眼太子苻生继位。苻生皇帝就俩爱好——喝酒、杀人。喝醉了酒，一刀砍死自己的皇后；上朝时，随身带着刀斧锤凿等杀人利器，看谁不顺眼就杀。杀得大臣受不了了，每天上朝前先抽生死签，谁抽上谁回答苻生的问题，生死各安天命。舅舅左光禄大夫强平劝苻生少造杀孽，结果被苻生当场凿死，亲妈强太后知道后被活活气死了。

东海王苻坚担心，哪天醒来找不到脑袋了，决定发动政变。他的军师之一就是扪虱而谈的王猛。攻入皇宫后，苻生还没醒酒，被人摇醒后大怒，叫嚣着把苻坚等人拖出去砍了。众人笑了，慢悠悠地把苻生绑了，随后处死。苻坚执掌政权，称大秦天王。王猛则一路“官帽子”拿到手软：左丞相、中书令兼领京兆尹、尚书左仆射、辅国将军……

王猛上台了，开始整饬吏治，发展生产。这不可避免触动了士族豪强的利益，不出意外，“出头鸟”来了：曾扶持前景明帝苻健平定关中的姑臧侯樊世，痛骂王猛只会坐享其成，当着苻坚的面，揪住王猛往死里揍，苻坚劝也不停手。一怒之下，苻坚命人砍了樊世，给王猛撑腰。

“出头鸟”被杀了，其他人也就老实了，王猛推行什么政策，也没人敢爹刺儿了。前秦国力开始蒸蒸日上，老百姓也算过了几年正常人的日子。可惜，公元375年王猛病亡。临终前，他劝诫苻坚别打东晋，集中力量收拾国内鲜卑、羌族等不稳定因素。

可惜，苻坚没听劝。公元383年，苻坚“十丁抽一”，组建号称百万的军队征讨东晋。苻坚认为，区区长江天险算什么，我百万大军“投鞭断流”，打晋朝手拿把攥。

结果，史上著名的以少胜多的战役——淝水之战发生了。当然，苻坚成了陪衬，败给了谢安等指挥的8万晋军。秦军撤退途中，听到风吹鹤鸣，都以为晋军追来了，还贡献了“风声鹤唳”这个成语。强盛的前秦开始分裂，北方大地再次被黑暗、混乱笼罩。

扪虱而谈的王猛，个性张扬的底气，是渊博的知识和能力。没有实力别乱学，当心被打。

第22讲

荔枝的诱惑

吃水果当然是越新鲜越好，比如荔枝。史上著名的唐玄宗、杨贵妃，为了吃上新鲜荔枝，不惜动用“战备驿道”运荔枝。窥一斑而知全豹，骄奢淫逸的唐玄宗、杨贵妃的结局，已经注定；大唐帝国的颓运也已经开始。

其实，刚当上皇帝的李隆基，也曾是位积极向上的好青年。他“以姚崇、宋璟为相，廓清武后则

天以来之积弊，励精图治。至民夜不闭户，道不拾遗，遂达臻全盛”，开创了“开元盛世”，也担得起盛世明君的称号。只不过后期越走越偏，越来越昏聩。

开元二十二年，李隆基第十八个儿子寿王李瑁，在母亲武惠妃安排下，娶媳妇儿了，新娘子就是杨玉环。或许是因为儿子太多，又或者因为跟武惠妃恋情眷眷，总之，李隆基没细看儿媳妇一眼。

没想到，三年后武惠妃暴病去世了，李隆基不开心，整天郁郁寡欢。此时著名的宦官高力士，就是“力士脱靴”典故中给李白脱鞋的这位，给李隆基推荐了一位美女——儿媳妇杨玉环。

历史告诉我们，一切皆有可能，狗血的剧情来了，李隆基对杨玉环一见钟情。公公爱上了儿媳妇，这可不好处理！

不过，皇帝身边不缺能人：杨玉环出家为女道士，为唐玄宗母亲窦太后祈福，解除杨玉环和李瑁的婚姻。唐玄宗下旨赐杨玉环道号“太真”，住进太真宫。随后再接进皇宫，还俗。这样一番操作，李隆基娶了一个还俗的女道士，而不是儿媳妇。天宝四年八月，27岁的杨玉环被正式册封为贵妃，此时李隆基已经61岁。

李隆基有多喜欢杨贵妃，白居易的《长恨歌》写得很传神——“春宵苦短日高起，从此君王不早朝。”“后宫佳丽三千人，三千宠爱在一身。”

得知杨贵妃爱吃荔枝，唐玄宗便命人从岭南送荔枝到长安，而且要求必须是新鲜荔枝。《新唐书·杨贵妃传》写道：“妃嗜荔支，必欲生致之，乃置骑传送，走数千里，味未变已至京师。”

买过荔枝的人都知道，荔枝在常温下非常容易变质，哪怕是在冰箱冷藏，一般都不会超过三天。根据史料记载，杨贵妃吃的荔枝主要产自巴蜀或者岭南，也就是重庆、四川和广东、广西一带。从巴蜀或者岭南到长安，大约2000公里，现代坐飞机的话大概3个多小时，高铁也得七八个小时。

为了让爱妃吃到最新鲜的荔枝，唐玄宗甚至动用驿道运送。在古代，驿道就如同战备高速公路，是传递军国大事的命脉，也类似于现在的国防电缆。唐朝驿站规定，普通公文和物品，一昼夜行程180里；紧急公文和物品，根据紧急程度，一昼夜行程300里，最快500里。

为了防止荔枝变味，新采摘的荔枝被装进放了湿润泥土的竹筒里。驿卒背上竹筒翻身上马，一路策马扬鞭，直奔帝都长安。如同传递十万火急军情一般，昼夜不停，只为让贵妃吃上心心念念的鲜美荔枝。

如同杜牧所写："长安回望绣成堆，山顶千门次第开。一骑红尘妃子笑，无人知是荔枝来。"妃子是笑了，不计其数的驿卒、驿马全都累哭了，甚至累死了。前有周幽王为博妃子褒姒一笑，烽火戏诸侯，导致国破家亡；现有唐玄宗宠爱妃，驿道加急运荔枝。李隆基的大唐危险了。

杨贵妃得势了，杨家人也飞黄腾达了：族兄杨国忠取代李林甫成了右相，开始把持朝政，为所欲为。三个姐姐分别被封为韩国夫人、虢国夫人、秦国夫人。杨家人“出入禁门不问，京师长吏为之侧目”。

不仅如此，节度使安禄山为了讨好唐玄宗，觍着脸认了比自己小十几岁的杨贵妃为干娘。天宝十年，杨贵妃以母亲的名义给儿子安禄山“洗三”，就是小孩生日第三天，母亲给孩子洗澡。《资治通鉴》记载，“禄山生日，上及贵妃购衣服。召禄山入禁中，贵妃以锦绣为大襁褓，裹禄山”。

然而，正是自己这个干儿子，几年后，以讨伐杨国忠为名发动叛乱，即“安史之乱”，大好的“开元盛世”成了“天宝乱世”。刀兵动乱之际，唐玄宗带着杨贵妃逃跑了，路过马嵬驿时，将军陈玄礼以军士不满为名，杀了杨国忠，逼唐玄宗赐杨贵妃上吊自杀。李隆基继续逃到成都避难。太子李亨在朔方军的拥立下，登基为帝。李隆基则成为孤家寡人太上皇，郁郁而终。

爱吃本没有错，然而唐玄宗杨贵妃的爱情本就有悖人伦，甚至为了口腹之欲，公器私用，罔顾国家安危，骄奢淫逸，最终断送大唐盛世，值得警醒。

第23讲

醉打金枝

喝酒要有酒德，有的人酒后撒酒疯，酒醒后悔不当初。唐代有一对小夫妻，丈夫酒后打媳妇，差一点儿导致整个国家的危机。这是怎么一回事呢？

在“唐朝公司”运营的289年中，汾阳王郭子仪绝对是老板的救世主：平安史之乱，收长安、洛阳；打吐蕃、党项，四处补窟窿。没有他，“唐朝公司”早就破产销户了。

唐代宗李豫担心能力、威望都有的郭子仪自立门户，公元765年，把女儿升平公主嫁给郭子仪的六儿子郭暧，君臣二人成了儿女亲家。如果小两口夫妻和睦，再生几个孩子，李豫当姥爷、郭子仪当爷爷，这关系也就踏实了。可是，这对小夫妻都是13岁左右的孩子，靠山一个比一个硬，谁也不服谁。没等生孩子，先生出个天大的祸事。

郭子仪七十大寿这天，郭暧一大早就拉着媳妇去拜寿。或许是前几天吵架的火气没消，升平公主不想去："我是公主，凭什么给臣子下跪拜寿，你爹也不行。"

这顿家宴，郭暧吃得相当窝火，指责公主："安史之乱，我们兄弟八个牺牲了三个。没有我爹，大唐都被人灭了。现在我爹过生日，你都不露面，看不起谁呢！"

眼见升平公主没来祝寿吃饭，郭暧的其他兄弟也开玩笑说郭暧是个"妻管严"。

觉得没面子的郭暧几杯酒下肚，回屋拽着升平公主来拜寿。升平公主刁蛮脾气也上来了，小两口越吵火越大，郭暧动了手。

不光动手了，郭暧也把长期憋在心里的话吼了出来："你不就仗着你爹是皇上吗？我爹要想当早就当了。"

这话可犯了大忌了！何况郭家也确实有造反的实力。就这样，小两口的家庭矛盾，上升为皇帝与权臣的较量，稍有不慎内战都有可能爆发！

挨了打的升平公主，一气之下跑回皇宫告状去了。怎么善后？轮到两家老人李豫和郭子仪脑袋疼了。

碰上个坑爹坑家族的儿子，郭子仪又惊又怒："混账小子，你知道多少人整天盯着你爹找碴吗？这事儿要传出去，我们全家都得死。"一边骂，郭子仪一边捆上郭暧往皇宫请罪。

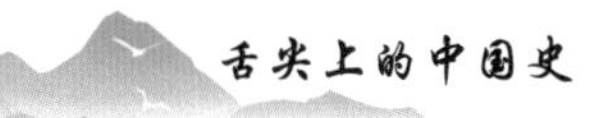

皇宫内的李豫也又惊又怒，因为他的皇位还真是郭子仪保下来的：公元763年吐蕃出兵把刚当上皇帝的李豫撵去了陕州。多亏了郭子仪打跑了吐蕃，还派人迎接李豫回长安。可李豫有心借这个机会除掉郭子仪，又担心万一逼反了郭子仪，自己又打不过他，反倒便宜了吐蕃、党项。

这时，传来郭子仪绑着郭暧前来请罪的消息，李豫终于做出了决定。

“哎呀亲家，这是干啥，快给孩子松绑。”李豫赶紧上前搀住下跪的郭子仪。

“逆子耍酒疯，让公主受委屈了，要杀要剐任凭处置。”郭子仪坚持请罪。

“也怪升平，刁蛮无理，亲家多担待些。俗话说，不痴不聋，不作家翁。小两口打闹，我们不掺和。”李豫很大度：“不过，郭暧，你说大唐江山是你们郭家的，论国法是死罪。但你是我的女婿，爹不忍心杀你。给你升官三级，回去后跟升平好好过日子吧。”

回家后，郭子仪将郭暧痛打了一顿，给升平公主，当然最主要的是给皇帝出气。经过这一番折腾，郭暧、升平公主相敬如宾，过上了幸福美满的生活。

一个国家是由无数个小家庭组成的，所有的小家庭和谐幸福了，国家也就繁荣稳定了。夫妻相处贵在和谐、沟通，从古至今，家暴一直为人所唾弃。李豫与郭子仪化解矛盾的智慧更值得人学习深思。

第24讲

真率会

孔夫子说："饮食男女，人之大欲存焉。"喜欢吃不是错，但物极必反，太奢华了不仅是一种罪过，还会吃坏了身体喝坏了胃。当然也有一些人不屑于此，抵制奢靡、节俭办会，崇尚"粗茶淡饭最养胃"的理念。

东汉时的羊续，曾做过南阳太守。当时世家大族大都崇尚奢侈华丽，羊续对这种奢靡的风气深恶痛绝，就粗衣劣食，清廉自守。

羊续喜欢吃鱼，他的副手就送来一条当地特产的白河鲤鱼。羊续推让再三，但这位副手执意要太守收下。羊续不好太过严厉，收下后将这鱼挂在了房檐下面。风吹日晒，鲜鱼变成了鱼干。

后来，这位副手又送来一条鱼。羊续二话没说，把他带到屋外，指了指那条干鱼。副手立刻明白了，从此再没有给他送过鱼。

这事传播开来，南阳百姓交相称颂，亲切地称羊续为“悬鱼太守”。

历史上，最早把喜欢吃鱼和接受别人送鱼这事想明白的人，是春秋时的公仪休。

公仪休是鲁国的国相，特别喜欢吃鱼。当时，讨好他给他送鱼的官员一抓一把，但他一概拒绝。公仪休的弟子就不明白了：“先生爱吃鱼，为什么送上门的鱼却不要呢？”

公仪休说：“正因为我爱吃鱼，才不能接受别人的鱼。如果接受馈赠，就会犯法免职，不但没人送鱼，自己也没钱买鱼吃了。相反，如果我不接受贿赂，就不犯法不会免职，有工资就永远有钱买鱼吃。”

公仪休、羊续这种节俭处世的好传统，自然不会失传。

宋朝《资治通鉴》作者司马光，在洛阳著书立说的同时发起的“真率会”，传承了抵制奢靡、节俭聚会的理念。“真率会”成为自唐代白居易“香山九老会”之后引领良好风气的吉光片羽。“真率会”究竟有什么特殊之处呢？

司马光和六七个已经退休的老干部约定，每次聚会，果品不超3种，菜品不超5种，酒呢，有了就喝，没有就算了，不铺张、不浪费，率真简约，故名“真率会”。

每次聚会，嘉宾只在一份请柬上注明自己是否参加，就像今天的微信群接龙。有一次，一名会员不小心多准备了两道菜，还被罚补办了一次。

少了应酬客套，几个老干部排座位也不论官阶高低，只论岁数大小；客人来时不迎，去时不送。清琴一曲，好香一炷，闲谈古今，纵情山水，深受后世官员、文人的推重。

明正统年间，七位馆阁文臣以“三杨”（杨士奇、杨荣、杨溥）为核心组成小群体，赋诗酬唱，怡养林泉，即称“真率会”。

清康熙年间，曾任刑部尚书、《明史》总裁官的徐乾学邀集一众老友集会，也称“真率会”。

自古以来，聪明睿智之士，大都以节俭为美德，安贫乐道，养性修心。颜回“一箪食，一瓢饮，在陋巷，人不堪其忧，回也不改其乐”的人生态度，曾深得孔子赞叹。诸葛亮更是谆谆教导自己的后辈“静以修身，俭以养德”。

古圣先贤教诲在前，我们是不是应该从中汲取一些人生大道呢？

酒

第25讲

杯酒释兵权

要列举中国历史上最著名的酒局，除了鸿门宴，恐怕就数赵匡胤的“杯酒释兵权”了。只不过鸿门宴刀光剑、影杀气逼人，而赵匡胤的酒局充斥着温情和善意。

宋太祖赵匡胤就借着一杯酒，几句话，收回了军权，听懂话中意的功臣们几代人吃香的喝辣的，免了“兔死狗烹”的下场。借着酒劲儿说难

事儿，还不伤和气，赵匡胤是怎么做到的呢？

郭沫若先生在《甲申三百年祭》中说：“大凡一位开国的雄略之主，在统治稳定了之后，便要屠戮功臣，这差不多是自汉以来每次改朝换代的公例。”历史上君主和创业功臣的结局的确大多不咋好。

到了靠手下“陈桥兵变”当皇帝的赵匡胤，这关系更难处理。宋朝建立前的五代十国是我国历史上著名的乱世，欧阳修说那时“置君犹易吏，变国若传舍”，换一个皇上，就如同撤换一个小官吏一样容易。而改朝换代变更国号，就像老百姓买一套房子过户那样简单。

没想到，怕啥来啥。赵匡胤黄袍还没穿热乎，手下昭义军节度使李筠就反了。

平定李筠叛乱后，赵匡胤也坐不住了，赶紧找来宰相、陈桥兵变策划者之一的赵普吐槽：“弟啊，哥这为人还可以吧，怎么还有人造我的反。咱们打了一辈子仗，哥现在就想当个安稳皇帝，想要太平盛世，想想招儿？”

赵普也是个能人，《宋史》单独列传的人物，号称“半部《论语》治天下”。他也猜透了赵匡胤的小九九，不就是想收走老兄弟的军权，不好意思自己说出来嘛。

当相国就得背黑锅，赵普说：“皇帝老哥，你手下的兄弟权力太大，想造反有人又有钱。治理的办法也简单，收回职权、财权、军权……”赵普还没有说完，赵匡胤就频频点头：“好了，别说了，哥按你说的做。”

公元961年七月初九，下朝后，赵匡胤拉住归德军节度使石守信、义成军节度使高怀德、镇安军节度使张令铎等人，“老哥几个别着急走，喝两杯”。

皇帝哥哥要请客，这档次肯定低不了，石守信等人肯定不走了，琢磨着一会儿是多喝两口御酒，还是多吃几嘴御膳。

几杯酒下肚，话也多了。赵匡胤说，你们几个当年两杯酒下肚就钻桌子底下了。石守信等人说，那会儿条件差酒太次，哥哥当皇帝了，御酒得管够啊。

眼看着气氛已经造得差不多了，赵匡胤叹了一口气说："若不是靠弟兄们拼命扶持，我也当不了皇帝。但当皇帝太难了，愁得都快失眠抑郁了，我这个皇位谁不想要呢？"

石守信等人不干了，"谁敢造哥哥的反，我们哥几个捶死他。李筠怎么样，哥几个打他都有点欺负他。"

"你们都是我兄弟，我自然放心。可你们的兄弟也想学你们，给你们穿黄袍，哥哥怎么忍心向你们动手啊。”赵匡胤说，“咱们打仗不就为了过好日子，哥哥的钱就是你们的。要不你们买点房子置点地，做个有钱有闲的富贵人多好，省得像哥哥一样在朝堂操心受累。”

说到这儿，石守信等人听明白了，皇帝哥哥这是想要军权，不好意思明说啊。得了，哥几个主动辞职吧，吃香的喝辣的，总比将来掉脑袋强。

第二天上朝就有意思了。石守信等人异口同声说自己有病，希望解除兵权，回家养老。朝堂上，赵匡胤再三“挽留”，众人一再坚持岁数大了，想回去享受几年美好生活。眼见做戏做足了，赵匡胤同意了众人辞官的请求。

“杯酒释兵权”和平和气地解除了功臣的权力威胁，预防了军变，是历史上有名的安内方略，影响深远。假如赵匡胤当年没有杯酒释兵权，多年以后，他最终也得和刘邦、朱元璋等人做出同样的选择。

赵匡胤的做法启示我们，凡事只要不搞零和博弈，办法总比困难多。杯酒释兵权不就是很好的解决思路吗？

第26讲

斡难河之宴

国人面对重大抉择事项，喜欢召集亲朋好友吃顿饭，共同商量、谋划一下。小家庭、大家族都有这个传统。不过在古代有一顿饭，号称“崛起之宴”。吃完这顿饭的人，打下了横跨亚欧大陆2200万平方公里的史上最广袤帝国。

这顿饭发生在1206年，地点在漠北高原斡难河畔，攒局的是蒙古民族的一代天骄铁木真。

此时蒙古高原上大大小小的近百个部落基本全部归顺铁木真。这些和中原王朝打打闹闹近千年的游牧民族，在汉朝叫匈奴，隋唐称突厥，还有柔然、回鹘等名字，如今被铁木真整合统称蒙古民族了。

人心齐了，队伍稳了，面对今后的发展方向和方针，“黄金家族”决定摆个家宴商量商量。于是，到了1206年春，料峭寒风中的斡难河畔，升起9根白色军旗，史称“九斿白纛”，是胜利和权力的象征。

飘香的马奶酒，滚滚而沸的嫩羊、黄牛；升腾的火焰炙烤的全羊，表皮金黄，油滴滚落……然而，众人却对诱人的美食视而不见，目光全都聚向端坐中央的铁木真。因为他们知道，这个威风八面的男人不仅是今天宴会的主角，更是明天他们的“领头羊”。

蒙古各部酋首先后觐见铁木真，相率庆贺。

铁木真坐起答礼，各部酋首齐声道："主子不要多礼，我等愿同心拥戴，奉为大汗！"铁木真踌躇未决，合撒儿朗声说："我哥哥威德及人，怎么不好做个统领。我闻中原有皇帝，我哥哥也称着皇帝，便好了。"这句话也是这顿宴席的主题。

按照历史规律，这个时候得需要找个神圣的由头，证明铁木真乃皇权神授，顺天承命，以堵悠悠之口。

这个任务落到了蒙力克老人四儿子阔阔出身上。阔阔出是蒙古族信奉的萨满教首领，更是当时令人敬畏的巫师"通天巫"。宴会上，阔阔出说："天神让我转告大家，整个国家已经赐给铁木真和他的子孙，让他好好对待属民和百姓。铁木真的尊号可以加'成吉思'，就是最强大、最伟大的汗。成吉思汗是天可汗、天皇帝。"

这样，铁木真成了成吉思汗，国号定为"也客·忙豁勒·兀鲁思"，即大蒙古国，也叫蒙古汗国。

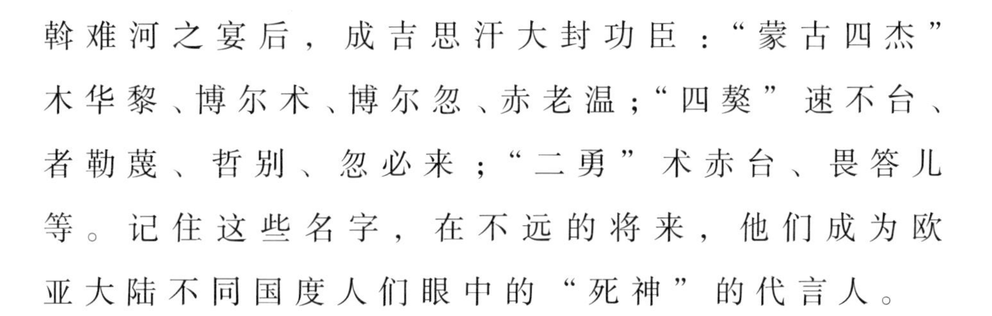
斡难河之宴后，成吉思汗大封功臣："蒙古四杰"木华黎、博尔术、博尔忽、赤老温；"四獒"速不台、者勒蔑、哲别、忽必来；"二勇"术赤台、畏答儿等。记住这些名字，在不远的将来，他们成为欧亚大陆不同国度人们眼中的"死神"的代言人。

蒙古汗国的建立，对于蒙古部族的发展和日后统一中原，征服亚欧，意义重大。成吉思汗建立了一套适合蒙古铁骑的管理办法和治国方针；组建了史上知名特种部队"怯薛军"；建立生产、行政、军事相结合的"领户分封"制度，在全国实行全民皆兵的制度，15岁至60岁男人都要当义务兵，平时放牧，战时披挂上阵。

斡难河之宴，吹响了蒙古铁骑出征欧亚大陆的号角，此后百余年，黄金家族的成员，凭借弯刀快马，征战寰宇，蒙元铁骑饮马阿姆河、印度河、多瑙河，仅用不到70年就建立了史上疆域最广的封建王朝。相传，当时欧洲诸国军队将领，望着从遥远的东方漫卷而来的陌生军队，车帐如云、将士如雨，马牛被野、兵甲赫天，差点惊掉了下巴。

这支黄皮肤、黑头发，喊着听不懂的语言的军队“疾如风，徐如林，侵掠如火，不动如山”，如同死神的使者，所过之处狼烟四起、流血漂橹。打不过、躲不了的欧洲人开始怀疑人生，认为自己亵渎了上帝，所以上帝派这些挥舞马鞭的军队前来惩罚自己，因此称其为“上帝之鞭”。

公元1271年，成吉思汗后代忽必烈改国号为大元，成为史上一个由少数民族建立的大一统封建王朝，疆土横跨亚欧，总面积2200万平方公里，到公元1368年朱重八诛元建明，历经11帝98年。百年间，成吉思汗及其后代凭借20万左右骑兵队伍，横扫欧亚大陆，先后征服40多个国家、700多个民族。

然而，作为游牧民族起家的王朝，元代统治者由于不善于学习接受先进文明和社会治理体制，一味发展军事实力；执行严格的民族等级制度，将老百姓划分蒙古、色目、汉人和南人等，忽视民生福祉，“重武轻文”；治国能力落后，跟不上铁骑扩张的速度，导致了国家大而不稳，民心所悖，最终分崩离析。

戚

第27讲

光饼抗倭

烧饼，生活中很常见、种类很多的一种小吃，很多人都吃过。可是有一种烧饼曾作为军粮，伴随明代著名爱国将领戚继光荡平倭寇之患，成为后世百姓纪念戚将军抗倭卫国英雄事迹的一种象征，这就是“光饼”。

倭寇就是明朝时日本的海盗、侵略者，这伙人跟大明王朝几位皇帝都是老“相识”了。两百多年来，倭寇隔三岔五来大明抢点东西，被明军逮到就砍头。可是倭寇的脑袋砍得越多，来得越多。到了明朝嘉靖年间，福建等沿海地区，倭寇蜂拥而至，四处烧杀抢掠，狂得没边。

嘉靖七年十月初一，朱元璋御赐世袭罔替登州（今山东东部）卫指挥佥事的戚家，诞生一男婴，取名继光。年少时的戚继光写了首《韬钤深处》，说："封侯非我意，但愿海波平。"这句话也成为他一生的写照。

《福州府志》记载，明嘉靖四十二年，也就是公元1563年，戚继光率军到福建剿杀倭寇。福建的气候潮湿，赶上阴雨天儿，军队开火做饭就是个问题。而且为了追歼倭寇，士兵们也不能带着锅碗瓢盆翻山越岭，军队的后勤粮草成了戚将军的"心头难"。

据说，戚家军"炊事班"有老家山东兵。他们参照家乡烧饼的做法，把面粉做成了加大版"铜钱”状的烤饼，用麻绳穿成串，挂在士兵脖子上，“防潮、易带、充饥”，解决了军粮供应难题。后来，士兵们发现这种烧饼吃多了不好消化，又干又硬，拉屎都困难。戚继光经过调研论证，改良版的烤饼问世了：加盐调口味、加碱助消化、加芝麻润肠通便，改良后的饼成了广受戚家军将士喜爱的一种干粮。粮草问题解决了，戚家军可以更好地发挥戚将军发明的“抗倭三件套”的威力了。

首先是士兵，作为写过《纪效新书》《练兵纪实》《武备新书》等著名教材的军事理论家，戚继光的练兵本事，在古代知名将军中也是名列前茅。经过历史的检验筛选，古代能以将领名字命名的“特种部队”，只有戚继光的戚家军和岳飞的岳家军，由此可见戚家军的士兵单兵作战能力之强悍。

其次是阵法，戚继光是个注重理论和实践相结合的将领。他为戚家军量身打造了“鸳鸯阵”战法：十一人一组，队长在前，其他十人排成两列纵队在后。两名盾牌兵掩护后边队友并用标枪作战；两名狼筅兵掩护盾牌兵；四名长枪兵在狼筅兵后发起攻击；两名短刀手断后。这个阵法就是古代的陆军“合成班”，长短远近兵器攻防互补，几乎没有破绽。

最后是兵器，作为戚继光发明的抗倭利器——狼筅，是将一根两丈长的毛竹，四面枝节削尖，锋利如刀，和狼牙棒、铁蒺藜类似，后更新为铁棍为杆，装上倒刺、铁枝杈，刮到人后对方越挣扎越紧，效果类似于现代刺网围栏。

接下来，我们看看戚将军的主要战绩：横屿抗倭，消灭1000多人，牺牲10人；林墩剿倭，消灭3000多人，牺牲69人；仙游击倭，击溃10000多名倭寇，牺牲24人；王仓坪歼倭，击溃倭寇近万名，无人牺牲……

在戚将军40多年军旅生涯中，大小战役过百，每战都以最小伤亡代价横扫倭寇，是名副其实的“倭寇终结者”。

后来，制作戚家军军粮烧饼的方法传到了民间，老百姓为了纪念戚家军的功绩，便把这种饼称为“光饼”或“征东饼”。清代《白华楼钞》记载的《光饼歌》写道：“至今见饼犹见君，饼家能说戚家军……”

“光饼”以纪念戚继光而得名，传承了抗击外敌、捍卫家国的民族精神。如今我们吃进口的是光饼，脑海中想的是戚继光，心中呼唤的是爱国精神。每当提起光饼，人们都会想到戚继光带领戚家军荡平倭患的英勇事迹，为此产生的自豪感和责任感，能够激发中国人守护家园、齐心御敌的血脉基因。历史上，在民族存亡之际，总有一批先烈挺身而出，抛头颅、洒热血，捍卫我们的故土，这也是中华民族能够一直长盛不衰的关键。

酒

第28讲

千叟宴

国人有喜事喜欢摆席请客，人越多越热闹，越能体现主家的实力和人缘。但若要论排面，谁也比不过清朝康熙、乾隆这爷孙俩。人家出手就是请全国老人吃饭，美其名曰“千叟宴”。如果说康熙时候的千叟宴还算皆大欢喜的话，乾隆年间举办的千叟宴在民间就有个说法叫“夺命宴”。您知道这究竟是为什么吗？

公元1712年，清朝著名皇帝康熙做了两个决定：一个是废除收了2000多年的人头税；一个是免全国3年的地丁钱粮。

这下全国老百姓乐开花了。得了皇帝老爷这么大的恩惠，不表示表示都睡不好觉。

恰好公元1713年三月十八是康熙六十大寿，康熙长寿又爱民，于是各地的老人、百姓主动到北京给康熙祝寿，希望好人长命百岁。

看着满大街走路都得要人扶的老人，一把鼻涕一把泪地喊着“吾皇万岁万万岁”的响亮口号，康熙也很激动，大手一挥，“来都来了，朕要管饭，65岁以上的，有一个算一个，全来吃”。

“一把手”发话了，所有人全跑起来了，搬桌子摆板凳的，贴喜字放花炮的、杀猪宰羊做饭的……整个北京城全热闹起来了。

由于吃饭的人太多了，这顿生日宴三月二十五、二十八日，分三批请老人吃饭，餐桌从西直门摆到了畅春园，这里边65岁以上老人有2800多人。

当然，给皇帝过生日，不仅不用随份子，吃完喝完，还有赏银拿。看着这天下太平和谐的好光景，康熙更激动了："发钱，户部的人过来，统计一下全国70岁以上的老人有多少，按人头发礼物。"为了买礼物，国库白银花了89万两。后来康熙六十一年又举办过一次。

此时，十几岁的弘历，也就是乾隆皇帝，正按照皇爷爷的旨意，忙着给老人倒酒。"这场面，我喜欢，以后也办'千叟宴'。"

乾隆也是个说到做到的人，"千叟宴"组织了两回。公元1785年请了一回，来了3900人。公元1796年又请一回，这回规模最大，来了5900人，周边的暹罗、安南等国也派人来观摩学习"千叟宴"。

已经86岁的乾隆，本来就是喜欢奢华、热闹的皇帝，自然是什么贵吃什么，什么上档次上什么，给老人准备的礼物都是貂皮、银子等奢侈品。90岁以上的还有六品、七品顶戴花翎。这顿饭花了小一百万两白银，折合成现在人民币大概两亿多。

然而，生日宴第二天开始，不少老人莫名其妙去世了，有死在客栈的，有死在回家路上的。死的人越来越多，老百姓发毛了，“千叟宴”逐渐传成了“夺命宴”。

其实，原因也很简单，整个清朝老百姓平均寿命也就35岁的样子，乾隆又把吃席标准提到了70岁。康熙的“千叟宴”是自愿参加，到乾隆这成了讨皇上欢心的“面子工程”，各地大官小官，都对着户口簿找七八十的老人凑人数，“岁数够的一个都不能少”。

现在有高铁飞机，从深圳飞到北京还要4个小时，清朝那个出行基本靠走的年代。为了吃顿饭，这些体弱多病的老人至少提前三四个月就得往北京走。

一路颠掉半条命的老人们，坐到宴席上，看着这辈子没见过的罐焖鱼唇、虾籽冬笋、川汁鸭掌、飞龙肉、狍子肉等山珍海味，估计只会怪自己牙口差，吃得慢了。再加上皇上亲自“打圈”敬酒，喝死也得喝。

这么一番折腾下来，体弱多病的自然就扛不住了。而这次宴会也标志着“康乾盛世”走向落幕，再也没有财力举办这样的宴会了。国力日下，带来近代百年令国人刻骨铭心的屈辱史。

本意在弘扬社会正能量的“千叟宴”，成为劳民伤财的“夺命宴”，值得反思。生于忧患，死于安乐，面子工程要不得。

第29讲

汉书下酒

自古道“无酒不成席”。请客吃饭要喝酒，自斟自饮更是自得其乐。

宋代名士苏舜钦有一个“汉书下酒”的生动故事。传说苏舜钦每晚读书，都要饮一斗酒，岳丈杜衍心存疑惑，派子弟私下察看。发现苏舜钦这晚在读《汉书·张良传》。张良乃西汉开国功臣，其父祖辈都在韩国担任过相，秦灭韩后，张良为报亡国之仇，招募宾客欲刺秦王。张良蓄势待发，只等一个时机。秦始皇东游至博浪沙，张良与宾客果断出击，可惜误中副车，以失败告终。苏舜钦读到这段时，着急地拍案大叫："惜乎！击之不中。"于是端过一个大酒杯，满上，一饮而尽。又读到张良与刘邦在留县相会，从此张良辅佐刘邦，成就了西汉开国的大业。汉六年（公元前201年）正月，刘邦分封有功之臣，张良虽无战功，但刘邦认为"运筹策帷帐中，决胜千里外，子房（张良的字）功也"，令其自择齐地三万户为自己的食邑。张良说："始臣起下邳，与上会留，此天以臣授陛下……"读到这里，苏舜钦又拍案大呼："君臣相遇，其难如此！"于是又把酒满上，一饮而尽。

这下，岳父终于知道女婿何以一晚能喝一斗酒了，有《汉书》这么好的下酒菜，一斗也算不上多。每有感慨，就饮一大杯。杜衍听说，笑道："有这样的下酒物，饮一斗实在并不算多啊！"

从此，"汉书下酒"则成了著名的典故，古人把读书下酒看作风雅之事。明人吴从先说："苏子美读《汉书》，以此下酒，百斗不足多。余读《南唐书》，一斗便醉。"清代著名剧作家孔尚任在《桃花扇》第四出《侦戏》中也曾经写道："且把抄本赐教，权当汉书下酒罢。"

苏舜钦饮酒读《汉书》的事迹说明，作为正史的《汉书》曾经具有相当普遍的文化影响和不同寻常的文化魅力。而读书下酒，体现古人文心的豪放和浪漫。明代文人周永年《次韵和牧翁题沈启南奚川八景图》诗写道："奚川八景不可见，尽情敛取入画图。""读书有此下酒物，秫田可酿钱可沽。"似乎是说欣赏诗画以为"下酒物"。清初名臣陈廷敬撰《于成龙传》则说到读唐诗下酒的情形："夜酒一壶，直钱四文，无下酒物，亦不用箸筷，读唐诗写俚语，痛哭流涕，并不知杯中之为酒为泪也。"

"汉书下酒"是读书人的风雅之举。《水浒传》中有言："醉里乾坤大，壶中日月长。"中国历史上“好酒”的记载层出不穷。司马迁就说汉高祖刘邦“好酒色”，汉初名臣郦食其自称为“高阳酒徒”。陈寿说曹操手下的名将典韦“好酒食”。当然，无论什么人，一旦沉溺酒中，必然容易误了正事。

齐威王爱喝大酒，所以当淳于髡出使楚国立功之后，齐威王就召见淳于髡赏他喝酒。酒友相见当然要交流酒量的大小，齐威王问淳于髡：“先生有多大酒量？喝多少才醉？”淳于髡回答说：“为臣喝一斗也醉，喝一石也醉。”齐威王很好奇：“先生喝一斗就醉了，怎么还能喝一石呢？能给我说说其中的奥妙吗？”淳于髡回答说：“大王赐酒让我喝，朝廷负责礼法的执法官就站在我旁边，御史还在我后面盯着，我战战兢兢跪着喝酒，喝不了一斗就醉了。如果家父来了重要的客人，我陪侍饮酒，需要不断为客人斟酒，还得时不时行礼祝酒，来回起来坐下折腾，这种情况下喝不到二斗也就醉了。如果朋友故交，好久没见面了，突然相见，欢欢喜喜说起往事，喝到大概五六斗就醉了。如果是乡里的节日盛会，男男女女错杂乱坐，不拘礼节，尽情嬉戏，喝到大概八斗才有两三分醉意。天色已晚，都已经喝得七荤八素，主人单独留下我而送走其他客人，每当这个时刻，我就觉得特别自在，心里最欢快，能喝到一石。”紧接着，淳于髡告诉齐威王一个道理：凡事不能太过，盈满则亏，物极必反。齐威王听明白了，当即下令以后禁止通宵达旦喝酒。并且任命淳于髡担任诸侯主客的职务，专门负责监督王室宗族举办酒宴，限制众人过量酗酒。

酒是情感的润滑剂，对酒当歌，人生几何？古人喝酒喝的是一种情怀，不同时代、不同阶层的饮酒方式也是多样多彩。秦汉之人饮酒崇尚的是阳刚厚重之味；魏晋之人饮酒体悟的是狂放不羁之豪；唐代之人饮酒体现的是磊落恢宏之气；两宋之人饮酒多了悲愤沉郁之感。无论什么时代，饮酒明“节制”，懂“舍得”，方显东方智慧。

醉里乾坤大 壶中日月长

饮酒明节制 方显曲悠扬

第30讲

无酒不成席

对国人来说，酒是饭“搭子”，流传已千年。朋友间联系，一句“喝点儿啊”，就是一起吃饭喝酒的意思。在古代，喜欢吃饭喝酒的名人可不少，比如“酒伯”淳于髡、“醉侯”刘伶、“酒仙”李白，他们贡献的历史典故更多。

“酒仙”李白，作为史上最著名的诗人，文章写得好，酒量更好。“人生得意须尽欢，莫使金樽

酒
酒

饮中八仙图

空对月。”“花间一壶酒，独酌无相亲。举杯邀明月，对影成三人。”“抽刀断水水更流，举杯消愁愁更愁。”翻看《李太白集》，时隔千年，依然感觉酒气氤氲。

对李白来说，酒就是人生，人生就是酒。《新唐书·李白传》记载，天宝初年，李白去长安拜会诗人兼高官贺知章，也就是名诗“不知细叶谁裁出，二月春风似剪刀”的作者。

贺知章看到李白的诗歌后，赞叹：“您真是天上神仙贬下凡啊。”李白又有了个“诗仙”的称号。

巧的是，贺知章和李白不仅诗写得好，还都好喝两口。两人一见如故，经常到长安城酒馆喝酒吟诗。有一次，两人喝高了，发现没带钱。贺知章解下随身佩戴的一只金乌龟，给老板当酒钱，继续喝了起来。

其实，不仅这两位，唐朝酒文化很繁荣，帝

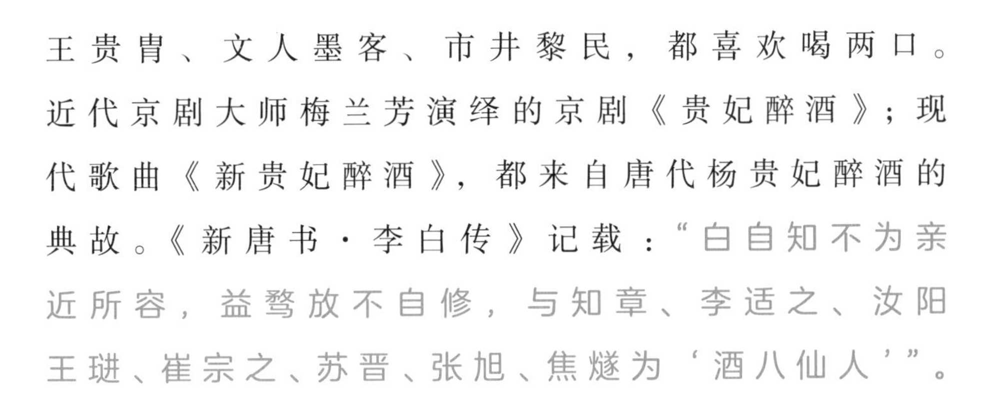

王贵胄、文人墨客、市井黎民，都喜欢喝两口。近代京剧大师梅兰芳演绎的京剧《贵妃醉酒》；现代歌曲《新贵妃醉酒》，都来自唐代杨贵妃醉酒的典故。《新唐书·李白传》记载：“白自知不为亲近所容，益骜放不自修，与知章、李适之、汝阳王琎、崔宗之、苏晋、张旭、焦燧为‘酒八仙人’”。

唐朝另一位大能、“诗圣”杜甫专门写过一首《饮中八仙歌》：“知章骑马似乘船，眼花落井水底眠。汝阳三斗始朝天，道逢麹车口流涎，恨不移封向酒泉。左相日兴费万钱，饮如长鲸吸百川，衔杯乐圣称避贤。宗之潇洒美少年，举觞白眼望青天，皎如玉树临风前。苏晋长斋绣佛前，醉中往往爱逃禅。李白斗酒诗百篇，长安市上酒家眠，天子呼来不上船，自称臣是酒中仙。张旭三杯草圣传，脱帽露顶王公前，挥毫落纸如云烟。焦遂五斗方卓然，高谈雄辩惊四筵。”寥寥几句，刻画出这八位“仙人”醉酒后的传神状态。

如果说，唐朝酒文化是国力强盛、文化繁荣

开放的象征，带来了洒脱、浪漫主义的情调，那“醉侯”刘伶所处的魏晋时期则正好相反，史上最混乱朝代带来了狂放不羁的色调，喝酒只是为了求醉，麻痹自己。

“醉侯”刘伶是个喝酒不要命的主。《晋书·刘伶传》曾写到：刘伶坐着鹿车喝酒时，让人拿着刨地挖坟的工具跟着，在哪儿喝没了，就就地挖坑埋了。后来，媳妇怒了，让他戒酒。为了骗酒解渴，刘伶让妻子准备酒肉当供品，求神仙保佑其戒酒成功。刘伶跪下来却祈祷说：“我刘伶，天生就以喝酒出名。一次要喝一斛，喝五斗才能解酒瘾。我媳妇说的话，千万不能听。”仍然喝酒吃肉，不一会儿又醉倒了。

跟李白类似，刘伶也有一个“男团组合”——与阮籍、嵇康、山涛、向秀、王戎和阮咸并称为“竹林七贤”。七人经常聚到一块吃饭、喝酒、胡侃，喝醉了就跟猩猩一样，竹林长啸。

“竹林七贤”这种借酒度日的选择跟其所处时代有关。魏晋南北朝是封建王朝史上有名的黑暗乱世，礼乐崩塌、群雄互殴，大伙儿活得很压抑，没有安全感，开始追求虚无缥缈的梦中世界，用胡扯、喝酒、装疯卖傻来排遣苦闷心情。

接下来，我们再看看“七雄”并立的战国时期“酒伯”淳于髡的故事。作为史上知名赘婿、齐国创办的史上首个官办高等学府——稷下学宫的元老，淳于髡能言善辩，脑子灵活。经常代表齐国出国访问打“嘴仗”，从来没输过。与另外两位酒中“仙、侯”相比，淳于髡能喝酒也能劝酒。

齐威王田因齐，曾经喜欢喝酒，一喝喝一宿，文武百官也跟着荒淫放纵。诸侯各国一起来侵犯，快亡国了，谁也不敢劝。淳于髡去劝了，他说：“齐国有只大鸟，落在了大王院子里，三年不飞也不叫，大王知道这鸟是怎么一回事吗？”威王说：“这鸟不飞则已，一飞就直冲云霄；不叫则已，一叫就让人震惊。”《史记·淳于髡传》：“国中有大鸟，止王之庭，三年不蜚又不鸣，王知此鸟何也？”王曰：“此鸟不飞则已，一飞冲天；不鸣则已，一鸣惊人。”于是，齐威王就诏令全国七十二县的长官议事，赏一人，杀一人，发兵御敌，诸侯惊恐，都归还了侵占齐国的土地。

“不鸣则已，一鸣惊人”的田因齐，也是另一传世名篇《战国策·邹忌讽齐王纳谏》中，邹忌劝谏的主人公。俗话说，听人劝吃饱饭。田因齐就是听劝，不仅不再酗酒享乐，而且广开言路，天下士子争相“留齐”。“燕、赵、韩、魏闻之，皆朝于齐。此所谓战胜于朝廷。”（《战国策·邹忌讽齐王纳谏》）

李白喝下的酒，注入笔尖，写出了大唐盛世风光；刘伶咽下的酒，化作悲歌，啸出了魏晋不羁风流。诸位看官，你我皆凡人，这两位喝酒后的本事太难学，还是学学淳于髡劝酒：酒饮微醺，花看半开。劝己劝人，都别贪杯！

漫画丁万明老师
2024.1

后记

习近平总书记曾经指出，历史是一个民族、一个国家形成、发展及其盛衰兴亡的真实记录，是前人的“百科全书”，即前人各种知识、经验和智慧的总汇。毛泽东同志在青年求学时期就曾说过：读史，是智慧的事。就是说：你要增加智慧吗？史书是不可不读的。历史是人类最好的老师，学史可以看成败、鉴得失、知兴替。然而，有些人却一提到历史就“发怵”，认为历史学习枯燥无味。如何才能培育出历史兴趣？如何才能做到以史为鉴？如何形成历史自觉、历史意识、历史思维、历史自信？这是我经常思考的问题。

在长时间思考的基础上，本人尝试选取一个小角度，意图通过管中窥豹，揭示历史有趣的一面，这就有了“舌尖上的中国史”这个选题。“舌尖上的中国史”不是讲中华民族关于“吃”的历史，而是讲与“吃”相伴随着的在中国历史进程中影响深远的那些人、那些事，讲“吃”的价值取向与“吃”的过程中体现出来的价值观与民族精神。这个选题得到了央广总台科教频道“百家说故事”栏目制片人张长虹女士的鼎力支持，如今“舌尖上的中国史”第一季22讲已经录制完成，于2024年1月开始在央视科教频道播出。在节目制作过程中，本选题又得到新华出版社副总编辑徐光女士的高度认同，在新华出版社领导的大力支持下，徐总和刘宏森编辑的辛勤努力下，本选题得已同步编辑出版。为了使本选题做到雅俗共赏，徐总邀请画家刘海涛先生亲自为此书作画配图，为这本书大为增色。在此，衷心感谢张长虹、衷心感谢新华出版社同人，衷心感谢刘海涛先生的妙笔丹青。本选题在酝酿和创作过程中得到了挚友河北工人出版社社长刘广臻先生和小友郭成的大力支持，在此一并感谢！

欢迎读者朋友和方家批评指正。

丁万明

2024年1月

图书在版编目（CIP）数据

舌尖上的中国史 / 丁万明著；刘海涛绘. -- 北京：新华出版社, 2023.11

ISBN 978-7-5166-7202-0

Ⅰ. ①舌… Ⅱ. ①丁… ②刘… Ⅲ. ①饮食－文化史－中国 Ⅳ. ①TS971.202

中国国家版本馆CIP数据核字(2023)第225271号

舌尖上的中国史

作　者	丁万明	绘　图	刘海涛
出版人	匡乐成	出版统筹	许　新
责任编辑	徐　光　刘宏森	责任校对	刘保利
整体设计	今亮後聲 HOPESOUND 2580590616@qq.com · 于　杰		
出版发行	新华出版社		
地　址	北京石景山区京原路8号	邮　编	100040
网　址	http://www.xinhuapub.com		
经　销	新华书店、新华出版社天猫旗舰店、京东旗舰店及各大网店		
购书热线	010 － 63077122	中国新闻书店购书热线	010 － 63072012
印　刷	河北鑫兆源印刷有限公司		
成品尺寸	185mm × 260mm	字　数	108千字
印　张	12.75		
版　次	2023年11月第一版	印　次	2024年1月第一次印刷
书　号	ISBN 978-7-5166-7202-0		
定　价	68.00元